\用「保鮮袋」輕鬆做/

冷凍常備菜

瑞昇文化

只把冷凍後依舊美味的食材
做成「冷凍常備菜」

我開始做食材冷凍保存，其實是最近2～3年的事。

在這之前一直認為「一旦做冷凍處理，味道就會變差」。

然而，在工作的機緣下，

對於冷凍保存進行各種研究與試作時，

發現只要稍作處理，就算冷凍也不走味。

於是便注意到「冷凍常備菜」相當方便好用，

日日忙於工作和育兒的我，只要有「冷凍常備菜」，

每天下廚就會變得格外輕鬆，心情也從容許多。

本書中介紹的不只是冷凍部分，從「調味」到保存方法一應俱全。

透過這些處理，可以減少食材的水份，

軟化食材，讓食物不易產生冷凍後特有的怪味道。

另外，就算有的蔬菜不適合冷凍，

只要在切工上下功夫或事先汆燙，就能留住美味。

善用「冷凍常備菜」
在短時間內端出好料理

每天要想2～3道菜餚，在菜色搭配上傷透腦筋，

不過，若能善用「冷凍常備菜」，只要15分鐘就能完成每日餐點。

製做「冷凍主菜」等肉或魚類食品，

煎煮後搭配簡單完成的配菜或湯品，馬上就能端出兩菜一湯。

活用以蔬菜等做成的「冷凍小菜」，

再加上「解凍即食常備菜」，輕鬆備好豐盛菜餚。

請先試做一道，品嘗一下「冷凍常備菜」的美味。

若能幫大家輕鬆完成一桌好菜，我將感到無比開心。

Contents

Part 1

冷凍主菜與
菜單搭配

Part 2
冷凍小菜

「冷凍常備菜」的美味訣竅

雖然本書中介紹的是冷凍後也很美味的「常備菜」，
但要做得好吃也有幾項重點。
先來掌握住冷凍及解凍的訣竅吧。

1　使用新鮮食材

任何食物都是以新鮮最重要，冷凍常備菜也一樣。一次買很多，過了好幾天還吃不完的剩餘食材，因為味道已經變差，很難做成美味常備菜，要留意這點。盡量在購買當天完成處理。

2　盡量讓食材的大小或厚度一致

分切冷凍食材時，為了讓冷凍或解凍的速度相當，要切成相同的大小或厚度。如此一來，不僅冷凍時味道可以均勻入味，解凍後的烹煮也能平均受熱，做出色香味俱全的料理。

3　仔細擦乾食材上多餘的水份

食材上一旦留有過多水份，解凍時味道就會變差，因此要用餐巾紙充分擦乾。尤其是肉類或海鮮類的常備菜會在解凍後出水，也請仔細擦乾後再烹煮。

4 認清適合冷凍與
不適合冷凍的食材

水份多且纖維柔軟的蔬菜（如日本
蕪菁、萵苣、豆苗等），一經冷凍
口感就會變差。生雞蛋也是解凍後
口感就會不同，因此不適合冷凍。
很多青背魚解凍時容易產生魚腥
味，所以我也不太推薦。

5 調味料要抹勻
使其醃漬入味

以調味料醃漬的冷凍常備菜，味道
會在冷凍過程中滲入食材內部。因
此，為了讓食材整體確實醃漬入
味，重點在於充分搓揉均勻。建議
用手抓勻，但不喜歡弄髒手的人，
也可以隔著塑膠袋做。

6 壓成扁平狀，
擠出空氣後冷凍

將冷凍常備菜裝入每個夾鏈袋後，
為了提升效率使其在短時間內結
凍，盡量壓成扁平狀再冷凍。另
外，擠出空氣還可以預防凍傷（因
冷凍造成食材脫水變乾，引起氧化
或變色等）。

7 事先分成容易
取用的份量就很方便

8 事先將冷凍日期
貼在保鮮袋上

9 確實在
保存期限內吃完

雖然常備菜的分量會準備得比較多，但考慮到每個家庭烹煮一次的用量，分裝放入保鮮袋中比較方便。蔬菜或菇類的常備菜，若能壓平後冷凍，要用時只要折下所需分量即可，而絞肉等可以拿筷子從保鮮袋上押出分隔線。

保鮮袋上一定要事先貼上常備菜的名稱與冷凍日期。這麼一來，就很容易在冷凍室中迅速找到想取用的食材，並且在保存時限內確實使用完畢。雖然也可以直接寫在保鮮袋上，但我建議寫在紙膠帶上後黏貼。

食物一旦放入冷凍室，就會慢慢地產生「凍傷」。本書中介紹的冷凍常備菜，都是盡量降低劣化產生的食譜，但為了烹煮出美味料理，蔬菜或海鮮類請在1個月內，肉類請在2個月內食用完畢。

關於解凍方法

在本書中建議3種解凍方法。

微波爐雖然輕鬆方便，但會發生加熱過度，或是解凍不均勻的情況，要留意這點。

解凍後的食品請不要再次冷凍。

a 放入冷藏室
自然解凍

b 短時間內
利用自來水的流水解凍

c 烹煮的同時
直接解凍

本書中的基本解凍方法。晚餐要用的常備菜在早上，早餐要用的則是在睡前放到冷藏室中慢慢解凍。保鮮袋周圍的結霜容易溶化造成水滴，事先放在金屬器皿上，置於冷藏室即可。

希望縮短時間時的解凍方法。暫時在保鮮袋上沖自來水，約1～2分鐘即成半解凍狀態。擦乾周圍水份，再靜置片刻就能烹煮。做蒸煮料理時，大部分的食材即便在半解凍狀態下也能烹煮。

直接將冷凍食材放入加熱中的鍋子或平底鍋，一邊烹煮一邊解凍的方法。煮湯或水份多的料理時，這個方法基本上都行得通。蛤蜊或蜆仔經常是直接使用冷凍品。因為不需要事先解凍，相當輕鬆。

本書的基本通則

＊一小匙＝5ml、一大匙＝15ml、一杯＝200ml。＊「鹽」使用天然鹽、「胡椒」使用粗粒黑胡椒。「甜菜糖」可以換成上白糖，但請酌量添加。＊「柴魚昆布高湯」是用柴魚片和昆布熬煮出的高湯。＊烹飪時間僅供參考，請依實際狀況斟酌的調整。

使用肉或魚類等

主菜食材做成的「冷凍常備菜」。

因為醃漬入味，

單獨直接煎或煮就很美味，

還能做成多種菜色，

富於變化是這款冷凍常備菜

最令人開心的地方。

以下將介紹運用這12道常備菜，

在15分鐘內完成兩菜一湯的菜色實例。

搭配的每道配菜和湯都能輕鬆完成，

請加入每天的菜單設計試做看看吧！

冷凍主菜與
菜單搭配

醋漬雞肉

說到醋漬，就給人酸酸甜甜的印象，
但在這裡加醋的目的是軟化肉類，增添風味，
所以只用少量。
酸味溫和，適用於各種調味。
口感輕柔，肉汁豐富也頗令人驚豔。

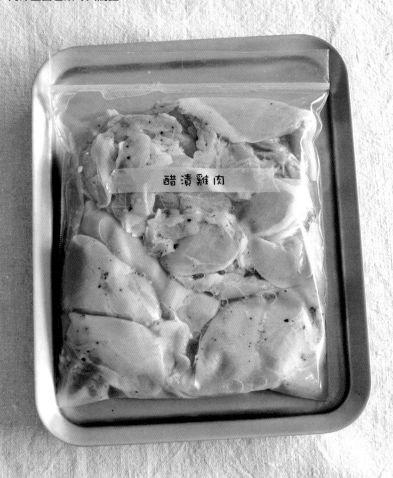

醋漬雞肉

▶處理時間　5分鐘
▶保存期限　2個月
▶解凍方法　冷藏室解凍／流水解凍

材料／容易製作的份量

雞腿肉…2片（500～600g）

A｜醋…2大匙

　　白酒（米酒也可以）…2大匙

　　甜菜糖…1小匙

　　鹽…1小匙

橄欖油…1大匙

作法

1　每片雞肉各切成3等份（a），放入攪拌盆中。

2　加入A，用手仔細抓勻（b）。

3　繞圈淋上橄欖油（c），迅速拌勻。放入保鮮袋，
　　壓成扁平狀擠出空氣（d），放入冷凍室中保存。
　　＊可依每次的用量分裝放入保鮮袋中。

用　法

因為是「稍微調味過的雞肉」，只要利用煎、煮、
蒸等，可以品嘗到各式烹調法與調味。食譜中是用
雞腿肉，但也可以換成雞胸肉或雞翅。和根莖類蔬
菜一起用高湯、醬油及味醂來燉煮，或是乾煎後撒
上咖哩粉等。直接蒸熟沾辣椒醬油吃也很美味。

用「醋漬雞肉」做成的
15分鐘菜色

·雞肉豆苗沙拉
　佐奶油淋醬
·湯豆腐
·馬鈴薯海帶味噌湯

14

只要把大量的豆苗撒在稍微煎過的醋漬雞肉上，
就能快速完成這道具沙拉風味的主菜。
再加上依序把食材放入鍋中
就能煮好的湯豆腐與基本款味噌湯，
即可端出健康的兩菜一湯。

主菜

雞肉豆苗沙拉
佐奶油淋醬

材料／2人份

醋漬雞肉（參考P.12）
　…3片（約250g）

豆苗（＊）…1盒

A｜美乃滋…1大匙
　｜優格（無糖）…1大匙
　｜鹽、胡椒…各少許

橄欖油…1小匙

熟白芝麻粒…適量

＊可依喜好使用蘿蔔嬰、青花椰苗等。

作法

1　在平底鍋中倒入橄欖油開中火加熱，放入解凍的
　　「醋漬雞肉」。煎至微焦上色後翻面，蓋上鍋蓋，
　　以小火悶煎約5分鐘。

2　將1切成一口大小後放入攪拌盆中，加入切除根部
　　的豆苗迅速拌勻，盛入盤中。淋上混合均勻的A，
　　撒上白芝麻即可。

配菜

湯豆腐

材料／2人份

嫩豆腐…1塊

鴻喜菇…50g

A｜米酒…2小匙
　｜昆布…5cm方形1片
　｜水…1又1/2杯

醬油、七味辣椒粉…各適量

作法

1　在鍋中放入A，開中火加熱。沸騰後
　　放入切成半塊的豆腐，轉小火煮約3
　　分鐘。

2　加入切除根部剝成小塊的鴻喜菇，煮
　　約2分鐘後關火。盛入盤中，淋上醬
　　油，撒上七味辣椒粉即可。

湯品

馬鈴薯海帶味噌湯

材料／2人份

馬鈴薯（中型）…2顆

海帶芽（鹽漬）…20g

柴魚昆布高湯…2杯

味噌…1又1/2大匙

作法

1　馬鈴薯削皮後切成8等份，浸泡於水
　　中。海帶芽稍微沖洗後，泡在水中約
　　5分鐘回軟，切成易入口大小。

2　在鍋中放入高湯及瀝乾水份的馬鈴
　　薯，開中火加熱。沸騰後轉小火煮約
　　7分鐘。

3　放入海帶芽煮滾，加入化開的味噌關
　　火即可。

「香煎肉排（Piccata）」是沾上麵粉和蛋液
香煎而成的義大利菜。
在軟嫩的雞肉外表裹上厚厚的麵衣，
是一道美味且適合帶便當的菜色。

 ## 香煎嫩雞

材料／2人份

醋漬雞肉（參考P.12）
　　…3片（約250g）

低筋麵粉…1大匙

A　雞蛋…2顆
　　披薩用起司…30g
　　洋香菜（切碎）…1大匙
　　牛奶…1大匙
　　鹽、胡椒…各少許

橄欖油…1小匙

嫩葉生菜…適量

作法

1　「醋漬雞肉」解凍後，每片都切成兩半。沾上一層薄薄的
　低筋麵粉，再沾滿混合均勻的A。

2　在平底鍋中倒入橄欖油開中火加熱，放入1。煎至微焦上
　色後翻面，蓋上鍋蓋，轉小火煎約6分鐘。

3　盛入盤中，旁邊放上嫩葉生菜即可。

因為雞肉已經醃漬入味，
不用再另外調味就很好吃。
洋蔥和蘆筍也可以換成高麗菜等。

 # 雞肉蘆筍義大利麵

材料／2人份

醋漬雞肉（參考P.12）
　　…3片（約250g）

洋蔥…1/2顆

蘆筍…4根

義大利麵…160g

大蒜…1/2瓣

紅辣椒（去籽）…1/2根

鹽、胡椒…各少許

橄欖油…1大匙

作法

1　「醋漬雞肉」解凍，切成1.5cm小丁。洋蔥切細條。蘆筍
　　刨除尾部硬皮，斜切成1cm段狀。

2　鍋中倒入約2L的水煮滾，加入1大匙鹽（分量外），放入
　　義大利麵依包裝說明煮至適當程度。

3　在平底鍋中放入拍碎的大蒜、紅辣椒及橄欖油，開中火炒
　　香。香味傳出後，加入「醋漬雞肉」翻炒。

4　炒熟後放入洋蔥和蘆筍，加入2大匙的煮麵水，蓋上鍋蓋
　　悶煮。

5　蘆筍煮熟後，放入燙好的義大利麵翻炒，以鹽和胡椒調味
　　即可。

優 格 雞 肉

優格可以讓肉變得鮮嫩多汁，
因此用在加熱後容易變柴的雞胸肉上，能夠軟化肉質。
將白酒換成日本酒、橄欖油換成菜籽油等，
就能做出易於搭配日式菜餚的滋味。

▶ 處理時間	5分鐘
▶ 保存期限	2個月
▶ 解凍方法	冷藏室解凍／流水解凍

材料／容易製作的份量

雞胸肉…2片（500～600g）

A ｜ 優格（無糖）…1杯

　｜ 白酒…2大匙

　｜ 鹽…1小匙

橄欖油…1大匙

作法

1　每片雞肉各切成兩半，放入攪拌盆中。

2　加入A，用手仔細抓勻。

3　繞圈淋上橄欖油，迅速拌勻。放入保鮮袋，壓成扁平
　　狀擠出空氣，放入冷凍室中保存。

＊可依每次的用量分裝放入保鮮袋中。

用 法

優格的濃郁度，非常適合做成異國風味料理。撒上孜然、百里香及多香果（Allspice）等香草或香辛料，直接用平底
鍋煎、或是連醃汁一起倒入咖哩中燉煮。也很推薦和炒過的洋蔥及鮮奶油一起倒入耐熱容器中，放入烤箱做成的「優
格焗烤雞」。

用「優格雞肉」做成的
15分鐘菜色

・根莖蔬菜燉雞肉
・菠菜堅果沙拉
・玉米濃湯

食譜見P.20

主菜「燉煮雞肉」，是用鍋子將食材悶煮而成的料理。
使用不會流失水分的厚鍋，更能做出鬆軟滋味。
沙拉中的堅果口感有畫龍點睛之效，
可依喜好選用家中現有的堅果類，如核桃或花生等。
湯品使用市售的玉米罐頭，可以縮短時間。

根莖蔬菜燉雞肉

材料／2人份

優格雞肉（參考P.18）
　　…2片（約250g）

地瓜…1/3根

牛蒡…1/3根

蓮藕…4cm

大蒜…1瓣

A｜百里香…2根
　｜白酒…1/4杯

鹽…1/2小匙

胡椒…少許

橄欖油…1大匙

作法

1　「優格雞肉」解凍，切成易入口大小。

2　地瓜切成1cm厚的圓片、牛蒡斜切成7～8mm厚的段狀。蓮藕削皮，切成1cm厚。各浸泡於水中。

3　在鍋中放入橄欖油和拍碎的大蒜開中火炒香，香味傳出後放入1和瀝乾水份的2，翻炒至表面微焦上色。

4　加入A轉小火，蓋上鍋蓋悶煮約10分鐘。

5　以鹽、胡椒調味即可。

菠菜堅果沙拉

材料／2人份

嫩菠菜…6株

杏仁（烤過）…8粒

A｜檸檬汁…1/2顆份
　｜橄欖油…1大匙
　｜鹽…1/2小匙
　｜胡椒…少許

作法

1　菠菜切除根部，切成易入口長度。

2　在攪拌盆中放入1、切成粗粒的杏仁及混合均勻的A由下往上拌勻即可。

玉米濃湯

材料／2人份

玉米罐頭（玉米醬）…200g

洋蔥…1/2顆

奶油…8g

牛奶…1/2杯

鹽、胡椒…各少許

作法

1　洋蔥切末。

2　在鍋中放入奶油開小火加熱，奶油融解後加入1，炒至呈現透明狀。

3　倒入玉米罐頭和3/4杯的水煮滾，加入牛奶煮2～3分鐘，不使其沸騰。以鹽和胡椒調味即可。

浸泡在加了咖哩粉的醬汁中，
只要烤熟就能上桌的簡單菜色。
也可以用印度綜合香料（Garam Masala）或辣椒粉等。
烤至微焦上色的程度，香氣撲鼻且美味十足。

印度烤雞

材料／2人份

優格雞肉（參考P.18）
　…2片（約250g）

A｜蒜泥…1/2瓣份
　｜醬油…1大匙
　｜咖哩粉…2小匙

橄欖油…2大匙

檸檬…隨意

作法

1　「優格雞肉」解凍，切成易入口大小，放入
　　攪拌盆中。

2　加入A充分拌勻，繞圈淋上橄欖油。

3　將2放入烤魚機或烤箱中，烤約8～10分鐘
　　直到微焦上色熟透。插入竹籤，內部沒熟的
　　話，蓋上錫箔紙，再烤約3分鐘。

4　盛入盤中，依喜好擠上檸檬汁即可。

香嫩炸雞

材料／2人份

優格雞肉（參考P.18）
　…2～3片（約300g）

雞蛋…1顆

低筋麵粉…3大匙

太白粉…3大匙

炸油…適量

鹽、洋香菜（切碎）…隨意

作法

1　「優格雞肉」解凍，切成易入口大小。

2　雞蛋打入攪拌盆中攪散，加入1沾滿蛋液。依
　　序沾上低筋麵粉、太白粉。

3　炸油加熱至170℃，放入2。當雞肉整體炸成
　　金黃色後提高油溫到200℃，表面炸至酥脆
　　後撈出。

4　盛入盤中、依喜好撒上鹽和洋香菜末即可。

沾取的麵粉和太白粉比例為1：1，
就能炸出酥脆多汁的口感。
食用時可依喜好擠上大量檸檬汁。

蜂蜜味噌雞

香甜蜂蜜搭配濃稠味噌調製出味道略顯濃醇的冷凍常備菜。
味噌可依自家喜好選用米味噌或麥味噌等。
不但下飯，搭配麵包也很對味。

▶ 處理時間　5分鐘
▶ 保存期限　2個月
▶ 解凍方法　冷藏室解凍／流水解凍

蜂蜜味噌雞

材料／容易製作的份量

雞腿肉…2片（500～600g）

A | 味噌…3大匙
　 | 米酒…2大匙
　 | 蜂蜜…1大匙

作法

1　每片雞肉各切成兩半，放入攪拌盆中。

2　加入A，用手仔細抓勻。

3　放入保鮮袋，壓成扁平狀擠出空氣，放入冷凍室中保存。

＊可依每次的用量分裝放入保鮮袋中。

用法

直接烤熟，和高麗菜絲或西洋菜等葉菜類一起做成口袋餅、饅頭（中式蒸麵包）或三明治的餡料。搭配牛蒡或蓮藕等根莖菜、白菜或高麗菜等葉菜類一起蒸烤的話，蔬菜也能吸取到肉片上的香濃調味料。也可依喜好加上生薑泥。

用「蜂蜜味噌雞」做成的
15分鐘菜色

· 雞肉拌芝麻菜
· 紅蘿蔔沙拉
· 洋香菜番茄湯

食譜見P.24

將主菜雞肉、配菜和湯擺放在同個盤子上，
做成咖啡館風味的單盤料理。
主菜搭配大量葉菜類，做成沙拉。
色彩鮮艷的配菜和湯品，不僅可在短時間內完成，
堅果和洋香菜還能讓味蕾獲得滿足。

主菜

雞肉拌芝麻菜

材料／2人份

蜂蜜味噌雞（參考P.22）
　　…2片（約250g）
芝麻菜…5株
A｜巴薩米可醋…1大匙
　｜橄欖油…1大匙
　｜鹽、胡椒…各少許

作法

1　「蜂蜜味噌雞」解凍，放入烤魚機或烤箱中，烤約8分鐘直到內部熟透，外表微焦上色。插入竹籤，內部沒熟的話，蓋上錫箔紙，再烤約5分鐘。

2　將1切成易入口大小，放入攪拌盆中，加入切除根部且切成兩半的芝麻菜和A，由下往上攪拌均勻即可。

配菜

紅蘿蔔沙拉

材料／2人分

紅蘿蔔…1根
核桃（烤過）…4顆
鹽…1小匙
A｜檸檬汁…1/2顆份
　｜胡椒…少許
橄欖油…1大匙

作法

1　紅蘿蔔切絲後撒上鹽，輕輕揉搓使其出水軟化。擠乾水分。

2　在攪拌盆中放入1和切成粗粒的核桃、A攪拌均勻，繞圈淋上橄欖油，由下往上拌勻即可。

湯品

洋香菜番茄湯

材料／2人份

番茄（大型）…1顆
洋蔥…1/2顆
洋香菜（切碎）…少許
A｜法式清湯（＊）…1又1/2杯
　｜白酒…1大匙
＊使用1塊市售高湯塊加1又1/2杯熱水調勻。

作法

1　番茄切成一口大小。洋蔥切成2mm厚的細絲。

2　在鍋中放入1和A開中火加熱，一邊撈除浮渣一邊煮至沸騰，再轉小火煮約5分鐘。

3　盛入碗中，撒上洋香菜即可。

微苦的馬鈴薯皮和口味甜辣的
雞肉相當對味。在新馬鈴薯（New Potato）
的產季一定要做來嘗看看。

馬鈴薯照燒雞

材料／2人份
蜂蜜味噌雞（參考P.22）
　…2～3片（約300g）
馬鈴薯（小型）…6顆（＊）
青蔥…1/2根
柴魚昆布高湯…2又1/2杯
醬油…2小匙
辣椒絲…隨意
＊若是大顆馬鈴薯，就用3～4顆。

作法
1　「蜂蜜味噌雞」解凍，切成易入口大小。馬
　　鈴薯連皮洗淨，大顆的就對半切。青蔥斜切
　　成薄片狀。
2　在鍋中放入高湯和馬鈴薯開中火加熱。沸騰
　　後放入肉和青蔥，再次煮滾。
3　加入醬油後轉小火，約煮8分鐘直到馬鈴薯變
　　軟。
4　盛入盤中，依喜好放上辣椒絲即可。

蜂蜜苦瓜雞

材料／2人份
蜂蜜味噌雞（參考P.22）
　…2片（約250g）
苦瓜…1/2根　　　　芝麻油…2小匙
洋蔥…1/2顆　　　　熟白芝麻粒…少許
米酒…1大匙

作法
1　「蜂蜜味噌雞」解凍，切成一口大小。縱向
　　對半切開苦瓜，去籽後切成5mm厚。浸泡在
　　水中，撈起瀝乾水份。洋蔥切絲。
2　在平底鍋中倒入芝麻油開中火加熱，放入雞
　　肉翻炒。表面微焦上色後加入苦瓜和洋蔥，
　　炒至變軟時倒入米酒。
3　雞肉炒熟後關火，撒上白芝麻即可。

利用蜂蜜味噌將眾所皆知的
「沖繩炒苦瓜」稍作變化的料理。
是相當下飯的菜色。

鹽麴豬肉

使用頗受歡迎的發酵調味料「鹽麴」製成的冷凍常備菜。

因為鹽麴會把肉類中的蛋白質分解成胺基酸，

可以增添鮮味，軟化肉質。

豬肉選擇略厚的薄切肉（＝薑汁燒肉用），

方便解凍及烹調。

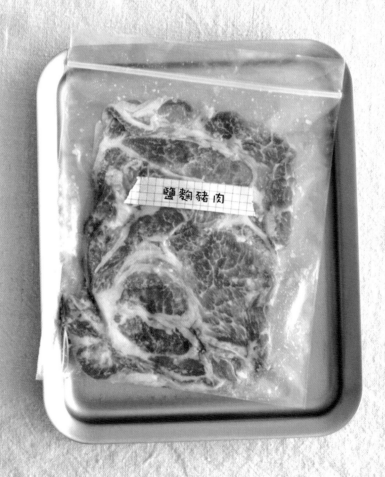

▶處理時間　5分鐘
▶保存期限　2個月
▶解凍方法　冷藏室解凍／流水解凍

a

b

材料／容易製作的份量

豬肉（薑汁燒肉用）…8片

鹽麴…3大匙

米酒…1大匙

c

作法

1　將酒倒入鹽麴中充分混合均勻（a）。

2　豬肉攤平放在調理盤中，均勻塗抹上1（b）。

3　一邊將肉片分開，不要重疊，一邊放入保鮮袋中
　　（c）。壓成扁平狀擠出空氣（d），放入冷凍室
　　中保存。

　　＊可依每次的用量分裝放入保鮮袋中。

d

用法

因為味道比較鹹，不需另行調味，鹽麴醃過的豬肉
能取代調味料…也可以這麼想。和大量菇類或白菜
絲一起炒，或是乾煎後擺上蘘荷或青紫蘇葉等佐
料。用切成適當大小的雞胸肉或雞腿肉來醃漬，也
很美味。

用「鹽麴豬肉」做成的
15分鐘菜色

・鹽麴豬肉炒鹿尾菜
・萵苣醋拌水雲
・牛蒡蘘荷味噌湯

專為希望大量吃到容易攝取不足的海藻類而設計的菜色。
搭配炒過後更顯甘甜的青蔥，
與帶有鹹味的豬肉，再多的鹿尾菜都吃得下。
口感佳的水雲則和萵苣做成清爽配菜。
味噌湯以蘘荷為佐料，增添香氣。

主菜

鹽麴豬肉炒鹿尾菜

材料／2人份

鹽麴豬肉（參考P.26）…4片
青蔥…1/2根
鹿尾菜（乾燥）…8g
薑…1/2片
米酒…1大匙
鹽…少許
芝麻油…少許

作法

1 「鹽麴豬肉」解凍，切成1cm寬。青蔥斜切成薄片狀，薑片切絲。鹿尾菜浸泡於大量水中回軟後，瀝乾水份。

2 在平底鍋中倒入芝麻油開中火加熱，放入薑絲炒香。傳出香味後放入豬肉略為翻炒，加入青蔥、鹿尾菜和米酒。

3 全部炒熟後，加鹽調味即可。

配菜

萵苣醋拌水雲

材料／2人份
萵苣…4片
水雲…80g
柤醋…2小匙
檸檬（薄片）…隨意

作法

1 萵苣切粗條。水雲用水沖淨後，瀝乾水份。

2 將1放入碗中，繞圈淋上柤醋，依喜好放上檸檬片即可。

湯品

牛蒡蘘荷味噌湯

材料／2人份
牛蒡…1/3根
蘘荷…1個
柴魚昆布高湯…2杯
味噌…1又1/2大匙

作法

1 牛蒡斜切成2mm厚的薄片，浸泡於水中。

2 在鍋中放入瀝乾水份的1和高湯開中火加熱。一邊撈除浮渣一邊煮約6分鐘。

3 轉小火，加入化開的味噌。將湯盛入碗中，放上對半縱切成薄片狀的蘘荷即可。

豬肉蒸蔬菜

材料／2人份

鹽麴豬肉（參考P.26）…4片

白菜…5～6片

蓮藕…4cm

紅蘿蔔…1/4根

米酒…1小匙

作法

1 白菜切成2cm寬。蓮藕削皮後切成1cm厚，紅蘿蔔切成7～8mm厚的圓片。紅蘿蔔也可以用模型押出喜歡的形狀。

2 將1和解凍的「鹽麴豬肉」放進冒出蒸氣的蒸籠中，繞圈淋上米酒，蓋上蓋子蒸約8分鐘即可。

只要放入蒸籠中加熱就能完成的省時菜單。
搭配的蔬菜可依喜好選用時令蔬菜，
因為豬肉醃漬入味，
可以一次品嘗到鮮美肉味與蒸蔬菜。

山藥泥淋豬肉

材料／2人份

鹽麴豬肉（參考P.26）…4片
山藥…200g
雞蛋…1顆
醬油…1/2小匙
芝麻油…少許
鴨兒芹…1/2把

作法

1 山藥用研磨鉢磨成粗泥，加入雞蛋、醬油，充分混合均勻。

2 在平底鍋中倒入芝麻油開中火加熱，放入解凍的「鹽麴豬肉」，雙面煎成金黃色。

3 將2盛入盤中，淋上1，撒上切碎的鴨兒芹即可。

「鹽麴＋山藥泥」，不僅味道速配，
兩者都是有益消化的食物。
用香氣十足的芝麻油拌炒，
撒上提味佐料鴨兒芹即可品嘗。

生薑醬油豬肉

請想成事先調味好的「薑汁燒肉」常備菜。
因為酒、味醂、醬油各自的用量相同,
食譜相當好記,可以輕鬆地多做幾次。

▶處理時間　7分鐘
▶保存期限　2個月
▶解凍方法　冷藏室解凍／流水解凍

材料／容易製作的份量

豬腿肉片…500g

A｜生薑（磨泥）…2片份
　｜米酒…1大匙
　｜味醂…1大匙
　｜醬油…1大匙

作法

1　豬肉放進攪拌盆中,加入A,用手仔細抓勻。

2　放入保鮮袋,壓成扁平狀擠出空氣,放入冷凍室中保存。

＊可依每次的用量分裝放入保鮮袋中。

用法

和時令蔬菜一起用鋁箔紙包起來烤,或是和菇類、青椒、茄子等一起拌炒。也可以用肉片把燙好的牛蒡或四季豆捲包起來放在平底鍋煎,就是道適合帶便當的菜餚。把豬肉換為切成適當大小的雞胸肉或雞腿肉來醃漬,也很美味。

用「生薑醬油豬肉」做成的
15分鐘菜色

・蔬菜芝麻豬肉丼
・香烤鮮菇油豆腐
・海萵苣青蔥味噌湯

用同一個平底鍋炒豬肉和蔬菜，
可以縮短時間，減少清洗的手續。
配菜只要食材切好用烤網烤即可。
海蘿苣泡水很快就可以回軟，
是沒有時間準備味噌湯配料時的好幫手。

主菜

蔬菜芝麻豬肉丼

材料／2人份
生薑醬油豬肉（參考P.32）⋯200g
紅蘿蔔⋯1/2根
四季豆⋯5根
鹽⋯少許
芝麻油⋯1小匙
白飯⋯約2碗
熟白芝麻粒⋯2小匙

作法

1 紅蘿蔔切絲，四季豆斜切成段狀。

2 在平底鍋中倒入芝麻油開中火加熱，放入解凍的「生薑醬油豬肉」翻炒。稍微炒熟後將豬肉推到鍋邊，把1分別放入鍋中空位處，不要混在一起，輕輕地翻炒。

3 當全部炒軟後，轉小火，蓋上鍋蓋悶煎約5分鐘。

4 蔬菜加鹽調味，將豬肉和蔬菜分別放在盛好飯的碗上，撒上白芝麻即可。

配菜

香烤鮮菇油豆腐

材料／2人分
鮮菇（鴻喜菇、舞菇等）⋯共100g
油豆腐⋯1片
酢橘⋯1/2顆
椪醋⋯2小匙

作法

1 油豆腐切成易入口大小，菇類切除根部剝成小塊。

2 把1放入烤魚機中烤7～8分鐘。中途將油豆腐翻面，烤至兩面微焦上色。

3 盛入盤中，放上酢橘片，淋上椪醋即可。

湯品

海蘿苣青蔥味噌湯

材料／2人份
海蘿苣⋯3g
青蔥⋯4cm
柴魚昆布高湯⋯2杯
味噌⋯1又1/2大匙

作法

1 海蘿苣泡於水中回軟。

2 在鍋中倒入高湯開中火煮滾。轉為小火，放入化開的味噌。

3 加入瀝乾水份的1快速煮過後關火。盛入碗中，撒上蔥花即可。

洋蔥薑汁豬肉

材料／2人份

生薑醬油豬肉（參考P.32）…300g
洋蔥…1/2顆
小蔥…2根
米酒…1大匙
芝麻油…2小匙

作法

1　洋蔥切絲。小蔥斜切成段。

2　在平底鍋中倒入1小匙芝麻油開中火加熱，放入洋蔥炒成焦糖色。

3　先把2撈起放入調理盤中，再把剩下的芝麻油倒入平底鍋中，放入解凍的「生薑醬油豬肉」翻炒。

4　煎至兩面微焦上色後倒入米酒，再將2倒回鍋中翻炒均勻。

5　盛入盤中，撒上小蔥即可。

因為用的是薄切肉，
可以在短時間內迅速炸熟。
是相當適合帶便當的菜色。

搭配大量炒過後更增甘甜味的洋蔥。
用青蔥代替洋蔥也很美味。

酥炸肉片

材料／2人份

生薑醬油豬肉（參考P.32）…300g
太白粉…4大匙
炸油…適量
生菜、芥末籽醬…隨意

作法

1　「生薑醬油豬肉」解凍後對半切，沾滿太白粉。

2　炸油加熱至170℃，將1稍微捏成圓球狀後放入油中炸成金黃色。

3　盛入盤中，依喜好放上生菜和芥末籽醬即可。

辣味噌豬肉

使用韓國菜中常見的苦椒醬製成的辛辣豬肉常備菜。
不但辣，還有強烈的甘甜味和鮮美味，
賦予料理層次明顯的風味。

▶ 處理時間　5分鐘
▶ 保存期限　2個月
▶ 解凍方法　冷藏室解凍／流水解凍

材料／容易製作的份量

豬肉片⋯500g

A｜味噌⋯1又1/2大匙
　｜米酒⋯1大匙
　｜苦椒醬⋯2小匙

作法

1　將A充分混合均勻。

2　豬肉片放進攪拌盆中攤平，加入1仔細抓勻，放入保鮮袋。壓成扁平狀擠出空氣，放入冷凍室中保存。

＊利用筷子等押出折痕，就能單獨取用所需分量。

用法

可以切成肉絲放入煎蛋中、或是當成炒飯、炒麵的配料。也可以加青蔥或菇類拌炒做成丼飯。建議和煎豆腐一起略煮入味。還可以用切成適當大小的雞肉或豬絞肉來醃漬。

用「辣味噌豬肉」做成的
15分鐘菜色

· 味噌豬肉炒蔬菜
· 涼拌蘿蔔絲乾及小黃瓜
· 蛋花湯

食譜見P.38

蔬菜絲的爽脆口感和
辛辣的豬肉相當對味。
當主菜味道是屬辛辣味時，
我會搭配清爽的配菜與順口的湯品，
這樣能平衡菜色整體的風味。

味噌豬肉炒蔬菜

材料／2人份

辣味噌豬肉（參考P.36）…250g
洋蔥…1顆
紅蘿蔔…1/2根
櫛瓜…1/2根
米酒…1大匙
芝麻油…1小匙

作法

1 洋蔥、紅蘿蔔及櫛瓜切絲。「辣味噌豬肉」解凍後
切成一口大小。

2 在平底鍋中倒入芝麻油開中火加熱，放入1的蔬菜
翻炒。

3 炒軟後推至平底鍋邊，將豬肉放入鍋中空位處翻
炒。

4 炒至微焦上色後，將蔬菜和豬肉拌炒混合，轉小火
倒入米酒，蓋上鍋蓋悶煎約5分鐘即可。

配菜

涼拌蘿蔔絲乾及小黃瓜

材料／2人份

蘿蔔絲乾…20g
小黃瓜…1根
A│醋…2小匙
　│醬油…1小匙
　│甜菜糖…1/2小匙
芝麻油…少許

作法

1 蘿蔔絲乾浸泡於大量水中恢復至8分
軟。瀝乾水份，切成易入口長度。小
黃瓜對半縱切，再斜切成段。

2 在攪拌盆中放入1和混合均勻的A，加
入芝麻油拌勻即可。

湯品

蛋花湯

材料／2人份

雞蛋…1顆
小蔥…2根
柴魚昆布高湯…2杯
味噌…1又1/2大匙

作法

1 在鍋中放入高湯開中火加熱。沸騰後
轉小火，加入化開的味噌。

2 雞蛋打散後慢慢地倒入鍋中煮熟。

3 盛入碗中，放上斜切成段的小蔥即
可。

像韓國烤肉般用葉菜包起來吃的健康菜色。
可依喜好加入香味蔬菜。

鮮菇蒸豬肉

材料／2人份

辣味噌豬肉（參考P.36）…250g

櫛瓜…1/2根

紅椒…1顆

舞菇…50g

杏鮑菇…50g

米酒…1小匙

作法

1 櫛瓜切成7～8mm厚的圓片。紅椒直切成7～8mm寬的細絲。舞菇、杏鮑菇用手撕成易入口大小。

2 準備2張鋁箔紙，各自放上分成2等份，解凍的「辣味噌豬肉」和1，淋上米酒後封緊。

3 將2擺在平底鍋中，蓋上鍋蓋開中小火悶蒸約10分鐘即可。

生菜包豬肉

材料／2人份

辣味噌豬肉（參考P.36）…250g

青蔥…7cm

豆苗（＊）…1/2盒

蘿蔓生菜或紅萵苣…6片

芝麻油…1小匙

熟白芝麻粒…1大匙

＊可依喜好使用蘿蔔嬰、青花椰苗等。

作法

1 青蔥蔥白切絲，泡於水中約5分鐘，充分瀝乾水份。豆苗切除根部。

2 在平底鍋中倒入芝麻油開中火加熱，放入解凍的「辣味噌豬肉」翻炒至微焦上色。

3 攤開蘿蔓生菜，放上2和1，撒上白芝麻即可。

用鋁箔紙包好後悶蒸即可，
是不需要技巧的簡單菜餚。
蔬菜或菇類可選用當季食材。

味 噌 絞 肉

在各種料理中都能派上用場的片狀冷凍絞肉。

只要「啪」地折下所需份量，

剩餘的可以再放回冷凍室保存。

當只想取用少量絞肉時，相當方便。

除了豬絞肉外，也可以用雞絞肉或混合絞肉來做。

a

▶處理時間　7分鐘
▶保存期限　2個月
▶解凍方法　冷藏室解凍／流水解凍／烹煮解凍

b

材料／容易製作的份量

豬絞肉…500g

A ｜ 味噌…2大匙
　｜ 味醂…1大匙
　｜ 米酒…1大匙

c

作法

1　在攪拌盆中放入豬絞肉，倒入A（a），全部用手
　　充分混拌均勻（b）。

2　放入保鮮袋，壓成扁平狀擠出空氣（c），放入冷
　　凍室中保存。

　　＊利用筷子等押出折痕（d），就能單獨取用所需分量。

d

> **用　法**
>
> 絞肉一經拌炒就會變得鬆散，因此可以鋪在便當
> 上，或和燙青菜拌勻。也可以做成高麗菜捲、白菜
> 捲、水餃或燒賣的餡料。與洋蔥末拌勻捏成圓形就
> 是漢堡排。也可以用醬油代替味噌、加入生薑泥
> 等，請依喜好自行變化調味。

用「味噌絞肉」做成的
15分鐘菜色

- ・味噌絞肉豌豆煎蛋
- ・蒸芋頭
- ・味噌蜆湯

要是用料豐富，

煎蛋也能變成豪華主菜。

煎好的蛋外表金黃微焦，香氣十足。

芋頭連皮一起蒸，更能留住美味。

味噌湯也可以利用「冷凍蜆」（參考P.82）來做。

味噌絞肉豌豆煎蛋

材料／2人份

味噌絞肉（參考P.40）…250g

雞蛋…4顆

青蔥…7cm

豌豆（淨重）…80g

食用油…1大匙

作法

1 雞蛋打入攪拌盆中攪散，加入解凍的「味噌絞肉」、蔥末和豌豆，充分混合均勻。

2 在煎蛋鍋中倒入食用油開中火加熱，倒入1。一邊用筷子攪散一邊加熱至4分熟。

3 轉小火煎約5分鐘，用盤子等蓋住翻面，再倒回煎蛋鍋中煎約3分鐘。

4 取出3，切成易入口大小即可。

蒸芋頭

材料／2人份

芋頭…4顆

A｜米酒…1小匙
　｜鹽…少許

柚子胡椒…適量

作法

1 芋頭用棕刷等仔細洗淨，頂部切除7～8mm，切成2cm厚。

2 放入充滿蒸氣的蒸鍋中，撒入A，蓋上鍋蓋蒸約7分鐘（或是將芋頭排放在耐熱容器上包上保鮮膜，放入微波爐中加熱4～5分鐘）。

3 盛入盤中，放上柚子胡椒即可。

味噌蜆湯

材料／2人份

蜆（已吐沙）（＊）…200g

小蔥…2根

柴魚昆布高湯…2杯

味噌…1又1/2大匙

＊可以直接使用未解凍的「冷凍蜆」

（參考P.82）。

作法

1 將充分洗淨的蜆和高湯放入鍋中，開中火加熱。

2 一邊撈除浮渣一邊煮至沸騰，轉小火煮約3分鐘。加入化開的味噌後關火。盛入碗中，撒上蔥花即可。

「片狀絞肉」在半解凍的狀態下比較好捲起，
請留意解凍時間。
手上先沾點水，就不會有絞肉沾黏。
紅蘿蔔和四季豆不僅口感佳，
配色也鮮豔，很適合當便當菜。

四季豆紅蘿蔔肉捲

材料／2人份

味噌絞肉（參考P.40）
　…250g

紅蘿蔔…1/2根

四季豆…6根

芝麻油…2小匙

鴨兒芹…1把

酢橘…1顆

＊使用半解凍的「味噌絞肉」。

作法

1　紅蘿蔔切絲，四季豆切半。

2　「味噌絞肉」在半解凍的狀態下分成6等份，將一片放在手中稍微壓扁，每片各放入1的紅蘿蔔絲1/6份和四季豆2根，用手捲包成棒狀。共做6根。

3　在平底鍋中倒入芝麻油開中火加熱，放入2。一邊翻轉一邊煎至表面微焦上色。轉小火，蓋上鍋蓋悶煎約5分鐘。

4　盛入盤中，放上切成段狀的鴨兒芹和扇形酢橘片即可。

絞肉炒成大小適當的肉塊狀，
不僅口感佳，也方便食用。
冬粉吸飽了味噌的香濃味，口感扎實入味。
絞肉就算是在半解凍的狀態下也能使用。

日式螞蟻上樹

材料／2人份

味噌絞肉（參考P.40）
　　…250g

冬粉（乾燥）…30g

青蔥…1/2根

紅椒…1顆

香菇…1朵

荷蘭豆…4根

雞骨高湯（＊）…1又1/2杯

醬油…1小匙

芝麻油…2小匙

＊也可以用1小匙的市售雞粉加1又1/2杯熱水調勻後使用。

作法

1　冬粉浸泡於溫水中約10分鐘，軟化後瀝乾水份。青蔥斜切成薄片，紅椒、荷蘭豆切絲、香菇切成條狀。

2　鍋中倒入芝麻油開中火加熱，放入半解凍～解凍的「味噌絞肉」翻炒。略為炒熟後，加入青蔥、紅椒和香菇翻炒至均勻沾滿油脂後，放入冬粉和雞骨高湯煮滾。

3　加入荷蘭豆和醬油，約煮5分鐘直到水份收乾即可。

雞肉丸子

生丸子直接冷凍的話，解凍時容易散開，
所以要先汆燙再冷凍。
雖然準備起來比較費時，
但關鍵在於事先煮熟就可以縮短食用時的烹煮時間。
因為加了雞蛋，口感鬆軟柔和。

a

b

c

d

e

▶處理時間　20分鐘（不包括放涼時間）
▶保存期限　2個月
▶解凍方法　冷藏室解凍／流水解凍／烹煮解凍

材料／容易製作的份量

雞絞肉…400g

青蔥末…1/2根份

生薑泥…2片份

A　雞蛋…1顆
　　太白粉…1大匙
　　米酒…2小匙
　　鹽…1小匙

作法

1　在攪拌盆中放入絞肉，加入青蔥末、生薑泥和A，用手充分混拌至產生黏性（a）。

2　手心沾水，一邊將1捏成20顆直徑約2.5cm的丸子（b）（c），一邊放入沸騰的熱水中（d）。

3　約煮5分鐘，撈起放在瀝水籃上瀝乾水分（e）。

4　放涼後放入保鮮袋，壓成扁平狀擠出空氣，放入冷凍室中保存。

用法

油炸後淋上糖醋醬，做成糖醋肉丸。或是和大量葉菜類一起當成火鍋料。也可以和黑木耳、香菇等一起炒成中式料理、和大量生薑一起放入雞骨高湯中煮。也很建議搭配白蘿蔔來燉煮。油炸、燉煮或煮湯等時可以直接放入冷凍丸子烹煮。

用「雞肉丸子」做成的
15分鐘菜色

・串燒雞肉丸
・西芹洋蔥沙拉
・南瓜青紫蘇味噌湯

因為雞肉已經煮熟，
只要烤得微焦、充滿香氣即可。
因為主菜是簡單的烤物，
搭配水分十足的配菜、
鬆軟的南瓜味噌湯，潤喉易入口。

配菜

西芹洋蔥沙拉

材料／2人份

西洋芹…1/2根

芹菜葉…3～4片

洋蔥…1/2顆

鹽…1/2小匙

A　醋…2小匙
　　芝麻油…1小匙

作法

1　西洋芹撕去表面較粗的纖維，斜切成薄片。洋蔥切絲。

2　1混合均勻後撒鹽輕輕抓勻，靜置約5分鐘。擠乾醃出的水份。

3　加入切細的芹菜葉和A拌勻即可。

主菜

串燒雞肉丸

材料／2人份

雞肉丸子（參考P.46）（＊）…8～10顆

杏鮑菇…2根

青蔥…1/2根

A　味醂…1小匙
　　醬油…1小匙

山椒粉…適量

豆苗（＊＊）…隨意

＊可以使用半解凍的「雞肉丸子」。
＊＊可依喜好選用蘿蔔嬰、青花椰苗等。

作法

1　杏鮑菇切成易入口長度、縱向撕成2～3等份。青蔥切成3cm長。

2　將半解凍的「雞肉丸子」及1串在竹籤上，用烤魚機烤約8分鐘。

3　中途塗上混合均勻的A，外表烤成微焦的金黃色。盛入盤中，放上切除根部的豆苗，撒上山椒粉即可。

湯品

南瓜青紫蘇味噌湯

材料／2人份

南瓜…150g

青紫蘇葉…4片

柴魚昆布高湯…2杯

味噌…1又1/2大匙

作法

1　南瓜切成2cm小丁。

2　在鍋中放入1和高湯，開中火加熱。一邊撈除浮渣一邊煮至沸騰，轉小火煮約5分鐘直到南瓜變軟。

3　加入化開的味噌後關火。盛入碗中，放上切細的青紫蘇葉即可。

油炸處理後的雞肉丸子
味道更加濃郁有層次。
黑醋炒過後，酸味較為溫和。
依喜好加入辣椒粉或紅蘿蔔片等，
增添美麗色彩。

黑醋炒炸雞肉丸

材料／2人份

雞肉丸子（參考P.46）（＊）
　　…8～10顆

洋蔥…1/2顆

竹筍（水煮）…1/2根（約150g）

四季豆…4根

薑…1片

A　┃ 黑醋…1大匙

　　┃ 味醂…1大匙

　　┃ 醬油…1又1/2小匙

炸油…適量

芝麻油…1小匙

＊可以直接使用冷凍的「雞肉丸子」。

作法

1　將冷凍的「雞肉丸子」直接放入加熱至170℃的炸油中炸成金黃色。

2　洋蔥切成6等份，竹筍縱切成薄片，四季豆斜切成段。薑切絲。

3　在平底鍋中倒入芝麻油開中火加熱，放入薑絲炒香。香味傳出後，加入剩下的2翻炒。

4　炒至全部變軟熟透後加入1和A，翻炒至水份收乾即可。

「飯糰鍋」是秋田縣的鄉土料理，「飯糰」是「米袋」的意思。
也就是丸子版的烤米棒。放入讓身體暖和，
煮得熱呼呼的青蔥和牛蒡等食材後享用。

雞肉丸牛蒡飯糰鍋

材料／2人份

雞肉丸子（參考P.46）（＊）
　…8～10顆

熱飯…2.5碗

牛蒡…1/2根

青蔥…1/2根

柴魚昆布高湯…3杯

鹽…少許

米酒…1大匙

醬油…2小匙

七味辣椒粉…隨意

＊直接使用冷凍的「雞肉丸子」。

作法

1　在研磨鉢中放入米飯和鹽，用研磨棒搗碎。搗至6成碎時，分成6～8等份，揉成丸子狀。

2　牛蒡切成斜片，浸泡於水中。青蔥切成斜片。

3　在鍋中倒入高湯開中火加熱。沸騰後放入冷凍的「雞肉丸子」、1、瀝乾水份的牛蒡和米酒，一邊撈除浮渣一邊煮至沸騰。

4　轉成小火，加入青蔥和醬油，約煮5分鐘。依喜好撒上七味辣椒粉即可。

冷凍主菜 **9**

番茄醬牛肉

利用伍斯特醬（Worcestershire sauce）
和番茄醬變化而成的西式懷舊風牛肉冷凍常備菜。
因為基底加了紅酒，
可以品嘗到更深層次的美味。

▶ 處理時間　**5分鐘**

▶ 保存期限　**2個月**

▶ 解凍方法　**冷藏室解凍／流水解凍**

材料／容易製作的份量

牛肉片…500g

A | 番茄醬…2大匙
　　伍斯特醬…2大匙
　　紅酒…1大匙
　　鹽…1小匙
　　胡椒…少許

作法

1　攪拌盆中放入牛肉和A，用手充分混拌至整體均勻入味。

2　放入保鮮袋，壓成扁平狀擠出空氣，放入冷凍室中保存。

＊可依每次的用量分裝放入保鮮袋中。

用法

和洋蔥絲一起炒，淋上少許醬油後盛放於白飯上，就是西式牛丼。和切成圓片的櫛瓜與紅蘿蔔絲、菇類一起放在耐熱容器中用烤箱烤，或是用萵苣、蘿蔓生菜包起乾煎好的肉片來食用也很美味。

用番茄醬牛肉做成的
15分鐘菜單

· 俄羅斯酸奶牛肉
· 鷹嘴豆白花椰沙拉
· 萵苣湯

食譜見P.54

說到「俄羅斯酸奶牛肉」，
通常給人烹煮費時的印象，
但使用這道冷凍常備菜就能在短短的十幾分鐘內完成。
利用水煮鷹嘴豆，就能輕鬆完成沙拉。
湯料則用快熟的萵苣。

主菜

俄羅斯酸奶牛肉

材料／2人份
番茄醬牛肉（參考P.52）
　　…250g
洋蔥…1/2顆
蘑菇…6顆
番茄（大型）…1顆
A ｜ 紅酒…1/2杯
　｜ 醬油…1小匙
　｜ 月桂葉…1片
奶油…15g（約1大匙）
鹽、胡椒…各少許
熱飯…2碗份
洋香菜…少許
酸奶油…隨意

作法
1 洋蔥切絲，蘑菇切薄片，番茄切塊。
2 在鍋中放入奶油開中火加熱，奶油融化後，放入洋蔥和蘑菇翻炒。洋蔥變透明後，加入解凍的「番茄醬牛肉」略為翻炒，加入番茄和A，一邊撈除浮渣一邊煮至沸騰。轉小火煮約8分鐘，以鹽和胡椒調味。
3 在盤中盛入 2 和白飯。撒上洋香菜末，依喜好附上酸奶油即可。

配菜

鷹嘴豆白花椰沙拉

材料／2人份
鷹嘴豆（水煮）…80g
白花椰菜…1/4顆
A ｜ 芥末籽醬…1大匙
　｜ 白酒醋（醋也可以）…2小匙
　｜ 鹽…1/2小匙
　｜ 胡椒…少許
橄欖油…2小匙

作法
1 白花椰菜切成小朵，放入加了少許鹽（份量外）的熱水中煮約3分鐘後撈起瀝乾水份。
2 將鷹嘴豆、切成易入口大小的 1 和調勻的A略為混拌後，倒入橄欖油拌勻即可。

湯品

萵苣湯

材料／2人份
萵苣…1/4顆
青蔥…5cm
法式清湯（＊）…2杯
鹽、胡椒…各少許
＊用1顆市售的高湯塊加2杯熱水調勻。

作法
1 萵苣切大片，青蔥蔥白切絲。
2 在鍋中放入高湯開中火加熱，沸騰後加入萵苣煮滾，以鹽和胡椒調味。盛入碗中，放上蔥絲即可。

只要把牛肉捲起來煎熟即可。
份量足方便入口。
配上馬鈴薯泥，營養加倍。

香煎牛肉捲

材料／2人份

番茄醬牛肉（參考P.52）…250g
馬鈴薯…2顆
西洋菜…1把
奶油…20g（多於1大匙）
牛奶…80ml
鹽、胡椒…各少許
橄欖油…1小匙

作法

1 「番茄醬牛肉」解凍，鋪平後2片重疊，往前捲成圓筒狀。

2 在煎鍋或平底鍋中倒入橄欖油開中火加熱，放入1。一邊翻滾一邊煎至整體微焦熟透。

3 馬鈴薯削皮切成6等份，放入加了少許鹽（份量外）的熱水中煮軟，倒掉熱水。開中火煮至水份收乾。

4 轉小火，一邊用木鏟壓碎馬鈴薯一邊加入奶油和牛奶，攪拌至滑順。

5 將2和4盛入盤中，放上西洋菜，撒上鹽和胡椒即可。

茄子番茄炒牛肉

材料／2人份

番茄醬牛肉（參考P.52）…250g
番茄（大型）…1顆　　　　米酒…1大匙
茄子…2根　　　　　　　　鹽…少許
青蔥…1/3根　　　　　　　芝麻油…1小匙

作法

1 番茄切成6等份扇形。茄子對半縱切，斜切成5mm厚。青蔥斜切成薄片。

2 在平底鍋中倒入芝麻油開中火加熱，放入解凍的「番茄醬牛肉」翻炒。

3 炒熟後加入1和米酒迅速翻炒，撒鹽調味即可。

這道菜是牛肉搭配對味的
番茄和茄子拌炒而成。
依喜好撒上香菜或洋香菜也很美味。

冷凍主菜 ⑩
油漬鮮蝦

鮮蝦一旦剝殼冷凍，肉質就會緊縮，
所以重點在於連殼一起保存。
事先處理好，抹油後再冷凍，
就不會產生腥味，也不易變乾澀。

▶ 處理時間　15分鐘
▶ 保存期限　2個月
▶ 解凍方法　流水解凍／烹煮解凍

材料／容易製作的份量

鮮蝦（草蝦、白蝦等）…20隻
太白粉…2大匙
A｜米酒…1大匙
　｜橄欖油…1大匙
　｜鹽…1小匙

作法

1　鮮蝦挑除腸泥，撒上太白粉抓勻後用水洗淨。
2　用餐巾紙充分擦乾水份，放入攪拌盆中，加入A抓勻。
3　放入保鮮袋，壓成扁平狀擠出空氣，放入冷凍室中保存。

用法

完全解凍的話就會出水變得相當潮溼，因此用流動的水半解凍後烹煮。和百里香、羅勒等香草一起蒸熟，或是快速汆燙後沾塔塔醬食用。可以加入海鮮咖哩，或是和煮熟的短義大利麵一起做成義大利麵沙拉。和花椰菜等一起拌炒也很美味。

用「油漬鮮蝦」做成的

15分鐘菜單

- ・乾燒明蝦
- ・涼拌蕪菁
- ・豆皮鴨兒芹湯

因為蝦子事先做過處理，
直接使用就能在短時間內做出口味道地，
頗受歡迎的乾燒明蝦。
小菜則是爽口的涼拌蕪菁。
用口感滑潤宜人的豆皮做成味道溫和的日式湯品。

乾燒明蝦

材料／2人份
油漬鮮蝦（參考P.56）（＊）…10隻
青蔥…10cm
薑…1片
豆瓣醬…1小匙
A │ 番茄醬…2大匙
  │ 米酒…1大匙
  │ 雞骨高湯（＊＊）…1/4杯
太白粉…1小匙
芝麻油…1小匙
＊使用半解凍的「油漬鮮蝦」。
＊＊也可以用1/3小匙市售的雞粉加1/4杯熱水調勻後
代替。

作法
1　青蔥、薑切末。
2　在平底鍋中倒入芝麻油開中火加熱，加入薑末、豆
瓣醬炒香。傳出香味後放入半解凍的「油漬鮮蝦」
翻炒，加入A煮至沸騰。
3　太白粉加等量的水調勻後淋入鍋中勾芡，放入蔥末
拌炒均勻即可。

配菜
涼拌蕪菁

材料／2人份
蕪菁…2顆
蕪菁葉…1顆份
鹽…1/2小匙
A │ 白酒醋（醋也可以）…2小匙
  │ 橄欖油…2小匙
  │ 胡椒…少許

作法
1　蕪菁對半縱切，切成薄片。蕪菁葉切
末。
2　加鹽輕輕揉搓，靜置約5分鐘。擠乾
醃出的水份。
3　加入A拌勻即可。

湯品
豆皮鴨兒芹湯

材料／2人份
豆皮（乾燥）…6g
鴨兒芹…1/4把
柴魚昆布高湯…2杯
A │ 米酒…1小匙
  │ 鹽…1/3小匙

作法
1　豆皮浸泡在溫水中回軟，撈起瀝乾水
分。
2　在鍋中倒入高湯開中火加熱，放入1
和A煮滾。
3　盛入碗中，撒上切成段狀的鴨兒芹即
可。

鯷魚炒馬鈴薯蝦仁

材料／2人份

油漬鮮蝦（參考P.56）（＊）…10隻

馬鈴薯…2顆

洋蔥…1/2顆

鯷魚（魚片）…4片

白酒（米酒也可以）…2大匙

胡椒…少許

橄欖油…1小匙

香菜…適量

＊使用半解凍的「油漬鮮蝦」。

作法

1　馬鈴薯切成1cm厚的圓片，浸泡於水中。洋蔥切絲。

2　在平底鍋中倒入橄欖油，放入用菜刀剁碎的鯷魚泥開中火炒香。香味傳出後，加入瀝乾水份的馬鈴薯和洋蔥翻炒。

3　馬鈴薯變透明後，加入半解凍的「油漬鮮蝦」和白酒，蓋上鍋蓋用小火悶煮約3分鐘。撒上胡椒盛入盤中，放上香菜段即可。

只要沾滿大蒜迅速炸熟，
就能將鮮蝦的美味濃縮起來。
最適合當做啤酒或葡萄酒的下酒菜。

鬆軟的馬鈴薯吸收鮮蝦風味，令人食慾大增。
這道菜相當適合當成宴客料理。

蒜味蝦

材料／2人份

油漬鮮蝦（參考P.56）（＊）…10隻

大蒜…2瓣

炸油…適量

檸檬…1/2顆

蒔蘿…3枝

＊使用半解凍的「油漬鮮蝦」。

作法

1　「油漬鮮蝦」半解凍，用刀劃開背部。大蒜切末，輕輕搓揉在鮮蝦上。取1隻蒔蘿切段。

2　炸油加熱至160℃，放入1的鮮蝦。中途開大火加熱至180℃，將所有鮮蝦炸成金黃色。

3　和切碎的蒔蘿拌勻後盛入盤中，擺上蒔蘿枝及檸檬片即可。

冷凍主菜 ⑪

味噌鮭魚

鮭魚是冷凍保存也不易變質的魚肉之一。
加入味噌和味醂以增添濃郁風味。
雖然用得是整年都買得到的鹹鮭魚，
但在產季時利用鮮鮭魚來製作也很美味。

▶ **處理時間**　5分鐘
▶ **保存期限**　2個月
▶ **解凍方法**　冷藏室解凍／流水解凍

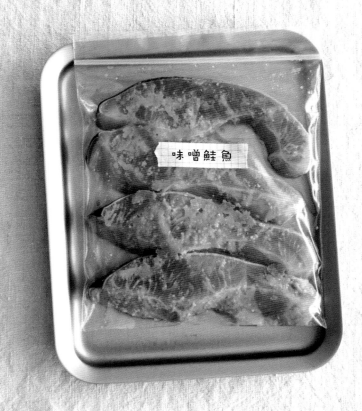

味噌鮭魚

材料／容易製作的份量

薄鹽鮭魚…4片
A｜味噌…3大匙
　｜味醂…2大匙

作法

1　A混合均勻後塗在鮭魚上，充分搓揉入味。

2　放入保鮮袋，壓成扁平狀擠出空氣，放入冷凍室中保
　　存。

用　法

和菇類或蔥絲、洋蔥絲一起用鋁箔紙包起來悶煮，或是和馬鈴薯一起蒸熟。也可以直接乾煎。用鰤魚或烏賊代替鮭魚
來做也行。

用「味噌鮭魚」做成的
15分鐘菜單

· 青紫蘇炸鮭魚
· 高麗菜絲拌海帶芽
· 白蘿蔔味噌湯

食譜見P.62

主菜是用大量清爽的青紫蘇葉包起來，
油炸成份量十足的炸物。
配菜和味噌湯相較之下要簡單得多。
塔塔醬事先多做些備用，
改天請試著運用在其他菜色上。

主菜

青紫蘇炸鮭魚

材料／2人份

味噌鮭魚（參考P.60）…2片
青紫蘇葉…6片
低筋麵粉…2大匙
蛋液…1顆份
麵包粉…將近1杯
炸油…適量
紫洋蔥…1/2顆
塔塔醬（＊）…隨意

作法

1 青紫蘇葉切除葉柄，每片解凍的「味噌鮭魚」都用3片青紫蘇葉包起來。

2 將1依序沾上低筋麵粉、蛋液、麵包粉。

3 炸油加熱至170℃，放入2，炸成金黃色。

4 切成易入口大小盛入盤中，附上泡過水的紫洋蔥絲和塔塔醬即可。

＊塔塔醬的作法
將1/4顆洋蔥切成末浸泡於水中約5分鐘，撈起瀝乾水份。2顆水煮蛋切粗粒。在攪拌盆中放入洋蔥、水煮蛋、3大匙美乃滋及少許胡椒攪拌均勻（放在冷藏室中可以保存2～3天）。

配菜

高麗菜絲拌海帶芽

材料／2人份

高麗菜…2片
小黃瓜…1/3根
海帶芽（鹽漬）…30g
A｜醋…2小匙
　｜橄欖油…2小匙
　｜鹽…1/2小匙
　｜胡椒…少許
熟白芝麻粒…適量

作法

1 高麗菜和小黃瓜切絲後混合均勻。

2 海帶芽泡水回軟，切成易入口長度。

3 將1、2盛入碗中，淋上攪拌均勻的A，撒上白芝麻即可。

湯品

白蘿蔔味噌湯

材料／2人份

白蘿蔔…5cm
鴨兒芹（葉片）…少許
柴魚昆布高湯…2杯
味噌…1又1/2大匙

作法

1 白蘿蔔切粗條。

2 在鍋中倒入高湯，放入1開中火加熱。一邊撈除浮渣一邊煮至沸騰，轉小火煮約5分鐘。

3 加入化開的味噌後關火。盛入碗中，放上鴨兒芹葉即可。

「鏘鏘燒」是北海道的漁夫料理，
用鮭魚搭配各式蔬菜煎炒而成。
請大量放入自己喜歡的蔬菜吧！

奶油味噌鮭魚

材料／2人份

味噌鮭魚（參考P.60）…2片
杏鮑菇…2根
鴻喜菇…50g
奶油…30g（約2大匙）
米酒…1大匙
芹菜葉…適量

作法

1　杏鮑菇縱切成厚5mm的條狀。鴻喜菇切除尾部，用手剝成小塊。

2　在平底鍋中放入一半的奶油開中火加熱，奶油融化後放入解凍的「味噌鮭魚」和1。煎至微焦上色後翻面轉小火，淋上米酒蓋上鍋蓋，悶煎約5分鐘。

3　盛入盤中，放上剩餘的奶油，附上切成易入口大小的芹菜葉即可。

鮭魚蔬菜鏘鏘燒

材料／2人份

味噌鮭魚（參考P.60）…2片
高麗菜…4片
洋蔥…1/2顆
香菇…2片
紅蘿蔔…1/4根
小番茄…8顆
米酒…1大匙
食用油…少許

作法

1　高麗菜切片、洋蔥及香菇切成5mm寬的粗絲，紅蘿蔔切片。小番茄對半切。「味噌鮭魚」解凍後切成3～4等份。

2　在平底鍋中放入食用油開中火加熱，放入鮭魚。煎至表面微焦上色後翻面轉小火，加入剩下的1和米酒蓋上鍋蓋，悶煎約5分鐘即可。

用奶油煎過後味道更加滑順。
建議搭配芹菜葉或西洋菜等微苦的蔬菜。

蠔油鰤魚

青背魚靜置一段時間後容易產生強烈的氣味，
浸泡於味道濃郁的蠔油和增添風味的米酒中再冷凍，
就能除去腥味，充分留住美味。

▶ 處理時間　5分鐘
▶ 保存期限　1個月
▶ 解凍方法　冷藏室解凍／流水解凍

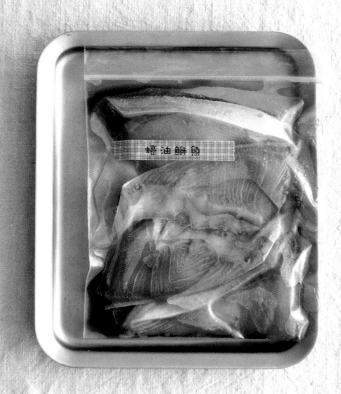

材料／容易製作的份量

鰤魚…4片

A｜蠔油…3大匙
　｜米酒…2大匙

作法

1　在攪拌盆中放入鰤魚和混合均勻的A，充分搓揉入味。

2　放入保鮮袋，壓成扁平狀擠出空氣，放入冷凍室中保存。

用法

裹上麵衣油炸，或是放在耐熱容器中撒上加了香草的麵包粉放入烤箱中烤。乾煎後擠上檸檬也很美味。除了鰤魚以外，也建議用烏賊、章魚、扇貝或鱈魚等白肉魚來做。

用「蠔油鰤魚」做成的
15分鐘菜單

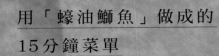

・蠔油甜椒炒鰤魚
・白花椰菜煮竹輪
・地瓜青蔥味噌湯

食譜見P.66

鰤魚加上大量的蔬菜絲一起拌炒，
就能在短時間內完成份量十足的菜餚。
因為主菜味道濃厚，配菜就選用湯汁多、
風味柔和的小菜。
味噌湯中的地瓜切成大塊，保有充分口感。

白花椰菜煮竹輪

材料／2人份
白花椰菜…6朵
竹輪…2根
A｜柴魚昆布高湯…1杯
　｜米酒…1小匙
醬油…1/2小匙

作法
1 竹輪切成寬1cm的斜片。
2 在鍋中放入1、A和白花椰菜，開中火加熱。沸騰後倒入醬油約煮5分鐘即可。

蠔油甜椒炒鰤魚

材料／2人份
蠔油鰤魚（參考P.64）…2片
甜椒（紅、綠）…各1顆
洋蔥…1/2顆
薑…1/2片
芝麻油…1小匙

作法
1 甜椒、薑片切細絲、洋蔥切絲。
2 在平底鍋中倒入芝麻油開中火加熱，放入薑絲炒香。香味傳出後，放入解凍的「蠔油鰤魚」，在鍋中空位處放入甜椒和洋蔥翻炒。
3 鰤魚煎至微焦上色後翻面轉小火，蓋上鍋蓋悶煎約5分鐘即可。

地瓜青蔥味噌湯

材料／2人份
地瓜…1/3根
小蔥…2根
柴魚昆布高湯…2杯
味噌…1又1/2大匙

作法
1 地瓜切成1cm厚的半圓形。小蔥切末。
2 在鍋中放入地瓜和高湯，開中火加熱。一邊撈除浮渣一邊煮至地瓜變軟。
3 轉小火加入化開的味噌後關火。盛入碗中撒上蔥末即可。

香烤鰤魚山藥

材料／2人份

蠔油鰤魚（參考P.64）…2片

山藥…200g

蕪菁…1顆

綠花椰菜…4朵

A│鹽…1/3小匙
│橄欖油…1大匙

作法

1 「味噌鰤魚」解凍，切成2～3等份。山藥削皮，切成1cm厚的圓片，若是山藥較粗，則切成半圓形。蕪菁切成6等份扇形。

2 將 1 和綠花椰菜排放至耐熱容器中，繞圈淋入A。烤箱加熱至180℃，放入2烤約12分鐘即可。

用太白粉勾芡，
調味料就能充分地吸附在食材上。
利用大塊厚實的油豆腐，讓味蕾獲得滿足。

鰤魚燒油豆腐

材料／2人份

蠔油鰤魚（參考P.64）…2片

油豆腐…1片

青蔥…1/3根

雞骨高湯（＊）…3/4杯

太白粉…1小匙

芝麻油…1小匙

＊也可以用1/2小匙的市售雞粉加3/4杯熱水調勻後代替。

作法

1 「味噌鰤魚」解凍，切成2～3等份。油豆腐對半縱切，再橫切成1cm寬的塊狀。青蔥斜切成薄片。

2 在平底鍋中倒入芝麻油開中火加熱，放入鰤魚煎至微焦上色後翻面，加入油豆腐和青蔥，迅速翻炒。

3 倒入雞骨高湯煮約5分鐘，太白粉加等量水調勻後淋入鍋中勾芡即可。

只要切好材料放進烤箱就能完成的簡單方便菜色。
關鍵在於使用風味佳的油品。

使用蔬菜、菇類或大豆製品等
方便製作配菜的食材，
做成「冷凍小菜」。
食材買得過多，或是別人送來太多時，
在變質前稍微加工一下放冷凍備用，就很方便。
水分多的蔬菜或菇類，
有些一經冷凍就會流失水分，
起皺乾扁，口感變差，
但透過切細、事先燙煮等方法，
不僅可以保有口感，也讓烹煮變得更方便。

Part 2

冷凍小菜

冷凍小菜 ❶
鹽漬番茄

在夏季番茄的盛產期，
事先做好的方便備菜。
看起來就像「新鮮番茄醬」，
不僅可以拌炒水煮，還能運用在各式料理上。
全熟的話水份會太多，因此使用尚未熟透的番茄。

▶ 處理時間　**5分鐘**
▶ 保存期限　**1個月**
▶ 解凍方法　**冷藏室解凍／流水解凍／烹煮解凍**

材料／容易製作的份量

番茄（中型）…6顆

鹽…1小匙

橄欖油…1大匙

作法

1　番茄去蒂，切成1cm小丁，放入攪拌盆中。

2　加鹽混合均勻，繞圈淋上橄欖油。

3　放入保鮮袋，壓成扁平狀擠出空氣，放入冷凍室中保存。
　　＊壓平冷凍的話，就能用手剝下所需份量。

用法

把它當成萬用番茄醬自在地使用吧。淋在蒸熟或香煎的肉類、魚類料理上，或和白米一起煮成燉飯。也可以淋在沙拉
或歐姆蛋上。也很建議搭配蛤蜊或鮪魚炒成義大利麵醬。要加在湯品或咖哩等水份多的料理時，直接使用冷凍品即
可。

70

用「鹽漬番茄」做成的
單品菜色

義式番茄醬（Checca Sauce）

材料／容易製作的份量

鹽漬番茄（參考P.70）…1杯

洋蔥…1/4顆

酸豆…1大匙

大蒜（切末）…1/2瓣份

橄欖油…1大匙

胡椒…少許

麵包…適量

作法

1　洋蔥切末，浸泡於水中約5分鐘。

2　在攪拌盆中放入解凍的「鹽漬番茄」、瀝乾水份的1、酸豆和蒜末混拌，加入橄欖油和胡椒混合均勻。

3　盛入容器中，放在烤過的麵包旁即可。

培根洋蔥番茄湯

材料／2人份

鹽漬番茄（參考P.70）（＊）…1杯

培根…150g

洋蔥…1/2顆

法式清湯（＊＊）…2杯

白酒…1大匙

鹽、橄欖油…各少許

＊直接使用冷凍的「鹽漬番茄」。

＊＊使用1塊市售高湯塊加2杯熱水調勻。

作法

1　培根切細，洋蔥切絲。

2　在鍋中倒入高湯開中火加熱。沸騰後，放入冷凍的「鹽漬番茄」、1和白酒，一邊撈除浮渣一邊煮至沸騰。

3　轉小火煮約3分鐘，加鹽調味，繞圈淋入橄欖油即可。

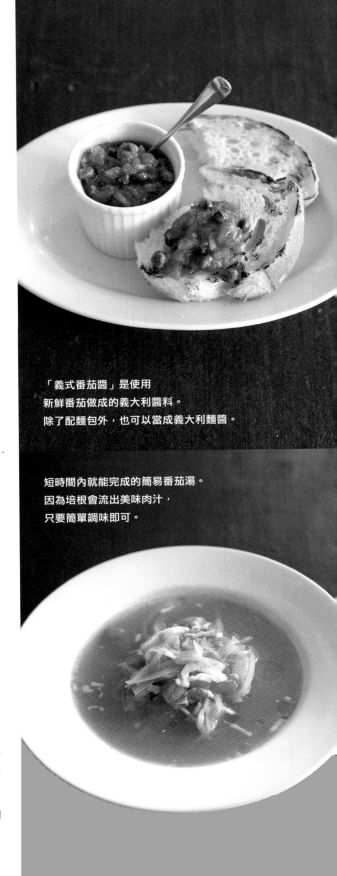

「義式番茄醬」是使用
新鮮番茄做成的義大利醬料。
除了配麵包外，也可以當成義大利麵醬。

短時間內就能完成的簡易番茄湯。
因為培根會流出美味肉汁，
只要簡單調味即可。

冷凍小菜 ②
馬鈴薯泥

馬鈴薯整顆直接冷凍的話，
會讓組織變鬆散，口感變差，
不過，若是事先壓成粗泥，
不僅可以留住味道，
也方便應用在各式料理上。

▶處理時間　18分鐘（不包括放涼時間）
▶保存期限　1個月
▶解凍方法　冷藏室解凍／流水解凍／烹煮解凍

材料／容易製作的份量

馬鈴薯（中型）
　…6顆（約600g）
鹽…1又1/2小匙

作法

1　馬鈴薯削皮，切成6等份。

2　在鍋中放入1、蓋過1的水量和鹽開中火加熱。煮約12分鐘直到馬鈴薯變軟，倒掉熱水。再次開火，收乾水分使馬鈴薯表面產生粉末，再壓成粗泥。

3　放涼後放入保鮮袋，壓成扁平狀擠出空氣，放入冷凍室中保存。
　＊利用筷子等壓出折痕，就能單獨取用所需分量。

用法

比起直接解凍當成馬鈴薯沙拉吃，再度加熱做成菜餚更顯美味。和絞肉拌勻做成可樂餅，和太白粉、低筋麵粉攪拌均勻搓圓，用平底鍋煎成煎餅。和培根一起拌炒，做成「德式馬鈴薯」的吃法也很推薦。

用「馬鈴薯泥」做成的
單品菜色

沒時間時能輕鬆完成的簡易焗烤馬鈴薯泥。
依喜好撒上咖哩粉也很美味。

焗烤馬鈴薯泥

材料／2人份

馬鈴薯泥（參考P.72）…300g

披薩起司…40g

鮮奶油（牛奶也可以）…3/4杯

鹽、胡椒…各少許

洋香菜…少許

作法

1　「馬鈴薯泥」解凍，放入耐熱容器中。

2　鋪上披薩起司、淋上鮮奶油、撒上鹽、胡椒及
　　洋香菜末。

3　放入烤箱中烤約8分鐘直到表面微焦上色即可。

馬鈴薯
西芹奶油濃湯

這道湯品可以充分品嘗到馬鈴薯的柔和風味。
也可以用洋蔥代替西洋芹。

材料／2人份

馬鈴薯泥（參考P.72）（＊）…300g

西洋芹…1/3根

奶油…15g（約1大匙）

牛奶（豆奶也可以）…1杯

鹽、胡椒…各少許

＊直接使用冷凍的「馬鈴薯泥」。

作法

1　西洋芹撕除粗筋，切末。

2　在鍋中放入奶油開中火加熱。奶油融化後放
　　入1，翻炒至透明。

3　放入冷凍的「馬鈴薯泥」和1/2杯水，約煮5分
　　鐘。

4　將鍋子從爐上移開，加入牛奶用攪拌器等攪
　　拌，再次開小火加熱。在快煮滾前關火，以鹽
　　和胡椒調味即可。

醃洋蔥絲

買了一整袋的洋蔥，
但無法在短時間內用完時，
可以醃漬冷凍備用。
除了可以直接當小菜或配菜外，
也能變化成各種中西日式料理。

▶處理時間　5分鐘
▶保存期限　1個月
▶解凍方法　冷藏室解凍／流水解凍／烹煮解凍

醃洋蔥絲

材料／容易製作的份量

洋蔥…4顆（約800g）
鹽…1小匙
A │ 橄欖油…2大匙
　 │ 醋…1大匙

作法

1　洋蔥切成2mm厚的細絲，放入攪拌盆中。

2　撒鹽輕輕揉搓，加入A迅速混合均勻。

3　放入保鮮袋，壓成扁平狀擠出空氣，放入冷凍室中保存。

＊壓平冷凍的話，就能用手剝下所需份量。

用　法

搭配炸雞肉或炸魚，做成南蠻漬、或是放在切薄的生魚片上做成義式冷盤（Carpaccio）。和白肉魚、鮮蝦及烏賊一起蒸煮、或是淋在沙拉上代替沙拉醬。拌炒和蒸煮時可以直接使用冷凍品。也可以用菜籽油代替橄欖油。

用「醃洋蔥絲」做成的
單品菜色

搭配鹹味生火腿的話
就不用另外調味,
可以迅速上菜。

生火腿洋蔥沙拉

材料／2人份

醃洋蔥絲（參考P.74）…1杯
生火腿…200g
西洋芹…1/4根
胡椒…少許

作法

1 生火腿切成易入口大小。西洋芹撕除粗筋,
斜切成薄片。

2 將1和解凍的「醃洋蔥絲」拌勻後盛入盤中,
撒上胡椒即可。

洋蔥白酒蛤蜊

材料／2人份

醃洋蔥絲（參考P.74）（＊）…1杯
蛤蜊（吐完沙）（＊＊）…150g
大蒜…1瓣
白酒…2大匙
橄欖油…1大匙
胡椒…少許
＊直接使用冷凍的「醃洋蔥絲」。
＊＊也可以直接使用未解凍的「冷凍蛤蜊」。

醃洋蔥和海鮮相當對味。
除了蛤蜊外,也可以用鮮蝦或扇貝,
用紹興酒代替葡萄酒也很美味。

作法

1 在平底鍋中放入拍碎的大蒜和橄欖油,開中火
加熱炒香。

2 香味傳出後,加入冷凍的「醃洋蔥絲」和蛤蜊
迅速翻炒。倒入白酒,蓋上鍋蓋悶煮約5分鐘。

3 盛入碗中,撒上胡椒即可。

冷凍小菜 ❹
鹽漬山藥泥

因滋補強身效果佳而聞名的山藥，
搗碎後做成易入口的備菜。
如果搗成泥會產生黏性，
因此重點在於保留適度的口感。

▶處理時間　5分鐘
▶保存期限　1個月
▶解凍方法　冷藏室解凍／流水解凍／烹煮解凍

鹽漬山藥泥

材料／容易製作的份量

山藥…600g

鹽…1小匙

作法

1 山藥削皮，切成1.5cm厚的圓片，放入保鮮袋中。

2 加鹽，用擀麵棍等輕拍，搗成留有少許顆粒的粗泥。

3 把2放入保鮮袋，壓成扁平狀擠出空氣，放入冷凍室中保存。

　＊壓平冷凍的話，就能用手剝下所需份量。

用法

解凍後直接當成山藥泥來使用。和梅子或烤海苔混合均勻，或是和芝麻醋、滑菇拌勻。加上麵味露，做成山藥泥蕎麥
麵的沾醬。也可以加入喜歡的高湯拌勻做成山藥泥醬。

用「鹽漬山藥泥」做成的
單品菜色

鮪魚山藥泥蓋飯

材料／2人份

鹽漬山藥泥（參考P.76）…1杯

鮪魚…200g

醬油…1大匙

芥末…1小匙

蘿蔔嬰…1/2盒

作法

1　鮪魚切成2cm小丁，和加了一半芥末調開的醬
　　油混合均勻。

2　在碗中盛入1和解凍的「鹽漬山藥泥」。

3　附上切除根部的蘿蔔嬰，擺上剩餘的芥末即
　　可。

···

山藥鮮菇蛋花湯

材料／2人份

鹽漬山藥泥（參考P.76）（＊）…1杯

鴻喜菇…1/2盒（50g）

油菜…4～6根

雞蛋…1顆

柴魚昆布高湯…2杯

A｜米酒…1大匙
　｜醬油…1又1/2小匙

＊直接使用冷凍的「鹽漬山藥泥」

作法

1　鴻喜菇切除根部，用手剝成小塊。油菜切除根
　　部的堅硬部分。

2　在鍋中倒入高湯開中火加熱，沸騰後放入冷凍
　　的「鹽漬山藥泥」和鴻喜菇。

3　沸騰後放入A和油菜煮約3分鐘，繞圈淋入打散
　　的蛋液，呈半熟狀態後關火。

說到和山藥泥最對味的魚肉，非鮪魚莫屬。
請放入芥末及蘿蔔嬰來品嘗。
和鰤魚或烏賊生魚片也很搭。

山藥泥柔和的味道配上鬆軟雞蛋，
做成滋味豐富的湯品。
加上微苦的油菜，可以品嘗到細緻的春天風味。

鹽漬綜合菇

菇類一旦煮過頭，鮮味就會流失，
因此加熱動作要快。
利用吃剩的盒裝鮮菇或是當季容易買到的菇類等，
搭配2～3種來製作。

▶ 處理時間　10分鐘（不包括放涼時間）
▶ 保存期限　1個月
▶ 解凍方法　冷藏室解凍／流水解凍／烹煮解凍

鹽漬綜合菇

材料／容易製作的份量

鴻喜菇
　…2盒（約200g）

金針菇
　…2盒（約160g）

香菇…8片

米酒…少許

鹽…1小匙

作法

1　鴻喜菇切除根部，用手剝成小塊。金針菇切除根部，切成3等份長。香菇切除蒂頭，斜切成3mm厚的片狀。

2　將1放入加了酒的熱水中煮約2分鐘，撈出瀝乾。充分瀝乾水份後，加鹽混合均勻。

3　放涼後放入保鮮袋，壓成扁平狀擠出空氣，放入冷凍室中保存。
　＊壓平冷凍的話，就能用手剝下所需份量。

用　法

可以放在烏龍麵、蕎麥麵或是涼拌豆腐上，或是當成義大利麵的配料等，在「想加點菇類」時使用起來很方便。也很建議和燙青菜拌勻、或是加在西班牙歐姆蛋或白芝麻蔬菜拌豆腐中。舞菇煮過後顏色會變淡，但對味道不會有影響。

用「鹽漬綜合菇」做成的
單品菜色

鮮菇白果炊飯

材料／容易製作的份量

鹽漬綜合菇（參考P.78）（＊）…2杯
白果（去殼）…20顆
糯米…1合（譯註：約150g）
白米…1合
A ｜ 柴魚昆布高湯…430ml
　｜ 米酒…1大匙
　｜ 鹽…1小匙
鴨兒芹（莖部）…適量
＊直接使用冷凍的「鹽漬綜合菇」。

作法

1 糯米洗淨，浸泡於足量的水中約1小時。白米洗
　淨後撈起瀝乾備用。
2 鍋中放入瀝乾水份的糯米、白米、冷凍「鹽漬
　綜合菇」、白果和A，蓋上鍋蓋開中火加熱。沸
　騰後轉小火，約煮18分鐘，再悶20分鐘左右。
3 盛入碗中，撒上鴨兒芹末即可。

柚香鮮菇半片

材料／2人份

鹽漬綜合菇（參考P.78）（＊）…1又1/2杯
半片…1片
柴魚昆布高湯…1/2杯
柚子皮…適量
＊直接使用冷凍的「鹽漬綜合菇」。

作法

1 半片切成4等份。
2 將1、冷凍「鹽漬綜合菇」和高湯放入耐熱容
　器，放到充滿蒸氣的蒸鍋中，蒸5分鐘左右。
　（也可以將放入材料的耐熱容器用保鮮膜包起
　來，放入微波爐中加熱3分30秒左右）。撒上
　柚子皮絲即可。

想在白果產季做的秋季炊飯。
要是有混合數種菇類的常備菜，
就能快速輕鬆完成，真令人開心。

蒸得鬆軟的半片※和鮮美菇類相當對味。
製作簡易，卻因添了柚子香氣而成為道地菜色。
※魚漿加山藥泥蒸熟的食品

冷凍小菜 6

醬燒油豆腐

事先用擀麵棍擀平表面的話，
油豆腐容易切出開口，
製作稻荷壽司或塞入內餡的菜時就很方便。
雖然食譜是對半切，但也可以切得更細。

▶處理時間　15分鐘（不包括放涼時間）
▶保存期限　1個月
▶解凍方法　冷藏室解凍／流水解凍／烹煮解凍

材料／容易製作的份量

油豆腐…8片
A　柴魚昆布高湯…2杯
　味醂…3大匙
　米酒…1大匙
醬油…2大匙

作法

1 熱水繞圈淋在油豆腐上去油，用擀麵棍擀平表面，對半橫切。
2 在鍋中放入1和A開中火加熱。沸騰後倒入醬油轉小火，蓋上鍋中蓋煮至水份收乾。
3 放涼後放入保鮮袋，壓成扁平狀擠出空氣，放入冷凍室中保存。

用法

放在烏龍麵或蕎麥麵上。切出開口成袋狀，塞入醋飯或菜飯做成稻荷壽司。切細加上魩仔魚和飯混合均勻，或是加入蛋花湯也很美味。切成段狀和燙好切過的菠菜或青江菜拌勻，也可以略為乾煎，撒上蔥花，做成下酒菜。

用「醬燒油豆腐」做成的
單品菜色

這是道美味無比的日式菜餚。
雖然是小松菜和油豆腐的固定組合，
但加了芥末籽突顯出風味。

這是道在餐桌上相當受歡迎的小菜。
不方便取得酢橘時，
也可以淋上少許米醋拌勻。

油豆腐辣拌小松菜

材料／2人份

醬燒油豆腐（參考P.80）…4片

小松菜…1/3把

A ｜ 日式芥末籽…1小匙
　　柴魚昆布高湯…1/4杯

作法

1　「醬燒油豆腐」解凍，縱向切成4等份。

2　在沸騰的熱水中加鹽（份量外），放入小松菜燙
　　煮2分鐘左右，撈出浸泡於冷水中。擠乾水份，
　　切成易入口長度。

3　A混合均勻後和 1 及 2 拌勻即可。

油豆腐拌高麗菜

材料／2人份

醬燒油豆腐（參考P.80）…4片

高麗菜…4～5片

鹽…1/2小匙

酢橘汁…1顆份

作法

1　「醬燒油豆腐」解凍，切成2mm寬。

2　高麗菜切絲加鹽揉搓，擠乾醃出的水份。

3　將酢橘汁淋在 1 和 2 上拌勻即可。

冷凍蛤蜊、冷凍蜆

海水養殖的蛤蜊和淡水養殖的蜆，
吐沙時所需的鹽分不同。
一旦解凍鮮味就會和水份一起流失，
因此一定要直接使用冷凍品來烹煮。

▶ 處理時間　**5分鐘**（不包括吐沙時間）
▶ 保存期限　**1個月**
▶ 解凍方法　**烹煮解凍**

冷凍蛤蜊

材料／容易製作的份量

蛤蜊…400g
鹽…2大匙

冷凍蜆

材料／容易製作的份量

蜆…400g
鹽…2小匙

作法（蛤蜊、蜆都相同）

1　在1L的水中加鹽，充分攪拌均勻。

2　以互相摩擦的方式搓洗蛤蜊或蜆的外殼，清除髒污。

3　在鋼盆中放入 1 和 2 蓋上鋁箔紙，置於常溫下2～3小時吐沙。

4　將瀝乾水份的蛤蜊或蜆放入保鮮袋，壓成扁平狀擠出空氣，放入冷凍室中保存。

用 法

貝類在冷凍前要確實吐沙，這點相當重要。使用上就和活蛤蜊、活蜆的用法相同即可。加在味噌湯或其他湯品中，或是當成炊飯、義大利麵的配料。也可以將蛤蠣和葉菜類一起用米酒或葡萄酒蒸熟。紹興酒蒸蜆則是道地的中國菜。

用「冷凍蛤蜊、冷凍蜆」
做成的單品菜色

蛤蜊蒸豆芽菜

材料／2人份

冷凍蛤蜊（參考P.82）（＊）…200g

豆芽菜…1/2袋

小蔥…2根

A ｜ 米酒…1大匙
　｜ 魚露…2小匙

B ｜ 檸檬汁…1/2顆份
　｜ 芝麻油…1小匙

＊「冷凍蛤蜊」不解凍直接使用。

作法

1 豆芽菜摘掉鬚根。小蔥斜切成段。

2 在平底鍋中放入未解凍的「冷凍蛤蜊」、豆芽菜和A，蓋上鍋蓋開中火加熱。

3 沸騰後轉小火，蒸5分鐘左右。加入B混合均勻，放上小蔥和檸檬片（份量外）即可。

豆芽菜吸飽了從蛤蜊流出來的湯汁，相當美味。
沒有魚露的話，用醬油也可以。

櫛瓜蜆湯

材料／2人份

冷凍蜆（參考P.82）（＊）…200g

櫛瓜…1/2根

薑…1/2片

柴魚昆布高湯…2杯

A ｜ 米酒…1大匙
　｜ 鹽…1小匙

＊「冷凍蜆」不解凍直接使用。

作法

1 櫛瓜切成5mm厚的圓片。薑片切絲。

2 在鍋中放入高湯和薑絲開中火加熱。沸騰後加入未解凍的「冷凍蜆」，一邊撈除浮渣一邊煮至沸騰。

3 加入櫛瓜和A，煮5分鐘左右即可。

蜆湯據說對肝臟很好。
放入大量薑絲，不僅讓味道更好，
還能讓身體慢慢地變暖。

明太子拌紅蘿蔔

甘甜的紅蘿蔔突顯出明太子顆粒的鹹味，
是道輕鬆易做的小菜。

辣炒牛蒡絲

利用七味辣椒粉將吃慣的金平牛蒡
絲炒成辣味。

▶處理時間　15分鐘（不包括放涼時間）
▶保存期限　1個月
▶解凍方法　冷藏室解凍／流水解凍

▶處理時間　15分鐘（不包括放涼時間）
▶保存期限　1個月
▶解凍方法　冷藏室解凍／流水解凍

材料／容易製作的份量

紅蘿蔔…2根　　　　食用油…少許
明太子…1對
米酒…1大匙

材料／容易製作的份量

牛蒡…2根　　　　　　B｜醬油…1大匙
A｜味醂…1大匙　　　　　｜七味辣椒粉…1小匙
　｜米酒…1大匙　　　　　｜芝麻油…1小匙

作法

1　紅蘿蔔切絲。

2　在平底鍋中倒入沙拉油開中火加熱，放入1翻
　炒。變軟後放入撕除薄皮的明太子和米酒，
　炒至整體混合均勻。

3　放涼後放入保鮮袋，壓成扁平狀擠出空氣，
　放入冷凍室中保存。

作法

1　牛蒡刨成長絲，浸泡於水中。

2　在平底鍋中倒入芝麻油開中火加熱，放入瀝
　乾水份的1翻炒。變軟後加入A炒至水份收
　乾。

3　加入B，全部翻炒均勻。放涼後放入保鮮袋，
　壓成扁平狀擠出空氣，放入冷凍室中保存。

晚餐急著要再多加一道菜,或是準備便當菜時都很方便。
用筷子壓出折痕、分成小包裝冷凍,就能單獨解凍所需份量。

梅香青蔥鹿尾菜

可以加在飯中煮成菜飯。
也很推薦當成義大利麵的配料。

- ▶ 處理時間　15分鐘(不包括放涼時間)
- ▶ 保存期限　1個月
- ▶ 解凍方法　冷藏室解凍/流水解凍

材料/容易製作的份量

鹿尾菜(乾燥)…30g	柴魚昆布高湯…3/4杯
青蔥…1根	A ｜ 味醂…1大匙
梅乾…2顆	｜ 醬油…1大匙

作法

1 鹿尾菜泡在足量的水中回軟,瀝乾水份。青蔥斜切成薄片。

2 在鍋中倒入高湯開中火加熱,放入1煮滾。

3 加入搗碎的梅乾,再倒入A,轉小火煮至水份收乾。

4 放涼後放入保鮮袋,壓成扁平狀擠出空氣,放入冷凍室中保存。

起司南瓜泥

可以夾在麵包中做成三明治,
或是鋪在飯上用烤箱烤,做成焗烤風味。

- ▶ 處理時間　15分鐘(不包括放涼時間)
- ▶ 保存期限　1個月
- ▶ 解凍方法　冷藏室解凍/流水解凍

材料/容易製作的份量

南瓜…1/2顆	A ｜ 披薩起司…80g
洋蔥…1顆	｜ 鹽…1/2小匙
	｜ 胡椒…少許

作法

1 南瓜削皮,切成2cm小丁。洋蔥切成2mm厚的細絲。

2 在鍋中放入1和蓋過1的水量開中火加熱,煮至南瓜變軟,倒掉熱水。轉小火一邊搖晃一邊煮至水份收乾,加入A,一邊壓碎一邊混合均勻。

3 放涼後放入保鮮袋,壓成扁平狀擠出空氣,放入冷凍室中保存。

蕪菁葉炒魩仔魚

將煮蕪菁剩下的葉子做成常備菜。
用蘿蔔葉來做也很美味。

▶ 處理時間　10分鐘（不包括放涼時間）
▶ 保存期限　1個月
▶ 解凍方法　冷藏室解凍／流水解凍

材料／容易製作的份量

蕪菁葉…3顆份　　　　熟白芝麻粒…1大匙
魩仔魚…50g　　　　芝麻油…少許

A｜味醂…1大匙
　｜米酒…1大匙
　｜醬油…2小匙

作法

1　蕪菁葉切粗絲。

2　在平底鍋中倒入芝麻油開中火加熱，放入魩仔魚翻炒。稍微炒上色後，加入1拌炒至軟化。

3　倒入A，翻炒至水份收乾，撒上白芝麻。

4　放涼後放入保鮮袋，壓成扁平狀擠出空氣，放入冷凍室中保存。

炒豆渣

豆渣的礦物質含量豐富並且吸飽了高湯美味。
保存時壓上十字折痕，方便取用。

▶ 處理時間　25分鐘（不包括放涼時間）
▶ 保存期限　1個月
▶ 解凍方法　冷藏室解凍／流水解凍

材料／容易製作的份量

豆渣…200g　　　A｜柴魚昆布高湯
紅蘿蔔…1/2根　　 ｜…2杯
香菇…4片　　　　 ｜米酒…1大匙
炸豆皮…1片　　　 ｜味醂…1大匙
　　　　　　　　B｜醬油…2小匙
　　　　　　　　 ｜鹽…1/3小匙
　　　　　　　　芝麻油…1小匙

作法

1　在平底鍋中放入豆渣開中火加熱，翻炒至水分收乾，整體變鬆散。

2　紅蘿蔔切絲、香菇切薄片。將熱水繞圈淋在炸豆皮上去油，擠乾水分後切絲。

3　在鍋中倒入芝麻油開中火加熱，放入2翻炒。變軟後加入1和A煮滾，轉小火再煮8分鐘左右。

4　加入B，約煮5分鐘至水分收乾。

5　放涼後放入保鮮袋，壓成扁平狀擠出空氣，放入冷凍室中保存。

三色泡菜

利用根菜類和櫛瓜做成口感佳、味道好的小菜。
活用素材本身的風味,只做簡單調味。

▶處理時間　15分鐘(不包括放涼時間)
▶保存期限　1個月
▶解凍方法　冷藏室解凍／流水解凍

材料／容易製作的份量

紅蘿蔔…1根	A	米酒…1大匙
櫛瓜…1根		鹽…1小匙
白蘿蔔…8cm		芝麻油…2小匙

作法

1 紅蘿蔔、櫛瓜和白蘿蔔切絲。

2 在平底鍋中倒入芝麻油開中火加熱,放入紅蘿蔔翻炒。變軟後,加入剩下的蔬菜翻炒,倒入A,炒至保有少許清脆口感後關火。

3 放涼後放入保鮮袋,壓成扁平狀擠出空氣,放入冷凍室中保存。

和風蔬菜雜燴

不使用橄欖油或大蒜,
是道相當下飯的蔬菜雜燴。

▶處理時間　30分鐘(不包括放涼時間)
▶保存期限　1個月
▶解凍方法　冷藏室解凍／流水解凍

材料／容易製作的份量

紅蘿蔔…1根	番茄(大型)…2顆
洋蔥…1顆	大蒜…1瓣
青辣椒…10根	米酒…2大匙
鴻喜菇…1盒(約100g)	醬油…2小匙
茄子…2根	芝麻油…2小匙

作法

1 紅蘿蔔切滾刀塊、洋蔥切2cm小丁。青辣椒去蒂切成兩段。鴻喜菇切除根部、用手剝成小塊。茄子切滾刀塊,稍微泡水後瀝乾水分。番茄切塊、大蒜切片。

2 在平底鍋中放入芝麻油和大蒜開中火加熱炒香,香味傳出後,加入番茄以外的1翻炒至變軟。

3 加入番茄和米酒,一邊撈除浮渣一邊煮滾。倒入醬油,蓋上鍋蓋轉小火約煮20分鐘。

4 放涼後放入保鮮袋,壓成扁平狀擠出空氣,放入冷凍室中保存。

炸雞塊便當

「優格雞肉」
（P.18）

「辣炒牛蒡絲」
（P.84）

以大家都愛吃的炸雞塊當主菜，
再附上辛辣配菜。

便當盒中裝入約一半的白飯，放入「香嫩炸雞」（參
考P.21）。將生菜葉鋪在空位處，放入「辣炒牛蒡
絲」和去蒂的小番茄。把白芝麻撒在白飯上即可。

嫩煎雞肉便當

「醋漬雞肉」
（P.12）

「鹽漬番茄」
（P.70）

附上沾醬的麵包顯得相當正式。
加上蔬菜增添色彩。

在便當盒中依序放入切成薄片的全麥麵包、「香煎嫩
雞」（參考P.16）和用鹽水燙過的小塊綠花椰菜。將
「義式番茄醬」（參考P.71）倒入附蓋子的小塑膠盒
中，擺於一側。一邊拿著麵包沾醬一邊品嘗。

冷凍常備菜要是運用得當，不僅是日常餐點，連做便當也變得輕鬆不已。
要不要試著搭配各式常備菜，做出下列風味的便當呢？

印度烤雞便當

「優格雞肉」
（P.18）

「馬鈴薯泥」
（P.72）

夾上愛吃的餡料
和蔬菜做成三明治。

在便當盒中放入對半切開，稍微烤過的英式瑪芬，前面放上「印度烤雞」（參考P.21）。剩下的空位鋪上生菜葉，放入「焗烤馬鈴薯泥」（參考P.73），擺上紅蘿蔔棒即可。

蜂蜜味噌雞肉便當

「蜂蜜味噌雞」
（P.22）

「醬燒油豆腐」
（P.80）

療癒人心，
充滿懷舊風味的日式便當。

便當盒中裝入約一半的白飯，放上切成易入口大小，用平底鍋煎熟的「蜂蜜味噌雞」。剩下部分放入「油豆腐拌高麗菜」（參考P.81）和切花裝飾的糖醋小黃瓜即可。

鹽麴豬肉
炒鹿尾菜便當

「鹽麴豬肉」
（P.26）

「醬燒油豆腐」
（P.80）

美味無比的豬肉搭上日式小菜。

便當盒中裝入約3/5的白飯，剩餘空位則裝滿「鹽麴
豬肉炒鹿尾菜」（參考P.28）和「油豆腐辣拌小松
菜」（參考P.81）。將煎蛋捲（＊）放在白飯上，撒上
黑芝麻粉即可。

＊將2顆雞蛋打入攪拌盤中打散，加入各1小匙的味醂、牛奶和
少許鹽充分攪拌均勻。煎蛋鍋中倒入少許食用油加熱，倒入1/4
的蛋液，從後面往前捲起。重複此步驟3次，切成易入口大小即
可。

薑汁燒肉便當

「生薑醬油豬肉」
（P.32）

「炒豆渣」
（P.86）

基本菜色生薑燒肉
加上營養滿分的豆渣。

便當盒中裝入約3/5的白飯，在剩餘空位放入「炒豆
渣」和高麗菜絲。將用平底鍋煎熟的「生薑醬油豬
肉」，和剝好殼、對切半的水煮鵪鶉蛋放在白飯上即
可。

鮮菇蒸豬肉便當

「辣味噌豬肉」
（P.36）

「明太子拌紅蘿蔔」
（P.84）

將方便的鋁箔蒸菜
直接放在便當中做配菜。

便當盒中裝入約3/5的白飯，將「鮮菇蒸豬肉」（參考
P.39）連著鋁箔紙或烘焙紙一起放入剩餘空位。把
「明太子拌紅蘿蔔」、市售的水煮豆放在白飯上，擺
上鴨兒芹葉裝飾即可。

四季豆紅蘿蔔
肉捲便當

「味噌絞肉」
（P.40）

「醬燒油豆腐」
（P.80）

露出肉捲色彩鮮艷的切面。

將雙層便當盒的其中一層裝滿白飯，放上酸梅。另一
層則放入「四季豆紅蘿蔔肉捲」（參考P.44），和用
青紫蘇葉包起插上牙籤固定，斜切成段的竹輪及油豆
腐辣拌高麗菜（＊）。

＊「醬燒油豆腐」和高麗菜切絲，撒上適量的醬油醋與七味辣椒
粉後迅速拌勻。

串燒雞肉丸便當

「雞肉丸子」
（P.46）

「鹽漬綜合菇」
（P.78）

山椒風味的雞肉丸配上散發柚香的配菜。

便當盒中裝入約一半的白飯，用葉片隔開。依序放入
「串燒雞肉丸」（參考P.48）、切成易入口大小的
「柚香鮮菇半片」（參考P.79）和柴魚拌菠菜（＊）。
將熟白芝麻粒撒在白飯上即可。

＊將用熱水燙煮過的菠菜切成1cm寬，撒上適量的醬油和柴魚片
拌勻。

乾燒明蝦便當

「油漬鮮蝦」
（P.56）

「馬鈴薯泥」
（P.72）

以紅、綠、黃搭配出
色彩繽紛的海鮮便當。

便當盒中裝入約2/5的白飯，剩餘空位依序放入裝在
便當菜杯中的「焗烤馬鈴薯泥」（參考P.73）、「乾
燒明蝦」（參考P.57）和切成小朵用鹽水燙煮過的綠
花椰菜。

青紫蘇炸鮭魚便當

「味噌鮭魚」
（P.60）

「蕪菁葉炒魩仔魚」
（P.86）

利用主菜炸鮭魚
配上水煮蔬菜和常備菜的簡易便當。

便當盒中裝入約一半的白飯，剩餘空位放入「青紫蘇炸鮭魚」（參考P.61）、切成易入口大小的水煮玉米。將「蕪菁葉炒魩仔魚」擺在白飯上即可。

蠔油甜椒炒鰤魚便當

「蠔油鰤魚」
（P.64）

「起司南瓜泥」
（P.85）

放入大量容易攝取不足的黃綠色蔬菜。

便當盒中裝入約一半的白飯，剩餘空位放入「蠔油甜椒炒鰤魚」（參考P.65），鰤魚切成易入口大小。用葉片隔開，擺入「起司南瓜泥」和韓式拌小松菜（＊）即可。

＊小松菜用熱水稍微燙過後，切成3～4cm長，淋上少許芝麻油、醬油和醋拌勻即可。

我的冷凍室活用妙招集錦

冰箱可以預防食物腐壞，留住美味，是日常生活中的好幫手。

除了儲存冷凍常備菜外，還可以保存各種食材，相當方便。

以下是我平日利用冷凍室的方法。

freezing idea

自幾年前起就用慣的「GE（奇異）」牌冰箱。美國製特有的樸實剛
健外形，甚得我心。在收納方面，利用方盤或保鮮盒做整理，規劃
出各種冷凍品的保存位置。要是存放過多，有些冷凍品可能會被遺
忘，因此要留意保有適當的空間。

利用PP（polypropylene）盒做區分

直立存放扁平狀的冷凍常備菜，取用時就很方便。我利用「無印良品」的盒子來整理食材或常備菜的收納。

豆子等乾貨放入保鮮袋中冷凍

這是築地市場的豆子專賣店教我的，聽說就算是乾燥的豆類，最好還是存放於冷凍室。倒入可以密封的保鮮袋，置於有蓋容器中保存。

泡軟後再煮的黃豆也要冷凍保存

乾燥的黃豆可以一次整袋泡軟後再煮，煮剩的則分裝小袋冷凍保存。海萵苣等海藻類在常溫下，容易流失色澤和香氣，因此冷凍保存以留住鮮味。

留住每天飲用的健康食品鮮度

有機栽培的「青汁」和抗氧化效果佳而聞名的巴西梅果醬。最近為了健康每天都會喝這兩樣，全部放到冷凍室中。

將青梅冷凍起來做梅子汁

初夏採收的青梅，部分作成梅乾，剩下的冰進冷凍室。一經冷凍，就會破壞梅子的果肉組織，容易搾取出青梅精華。利用冷凍青梅，一年做2～3次的梅子汁。

冷凍保存麵粉類或糯米以防止腐壞

糯米比一般的粳米更快壞掉，因此要放在密閉容器內保存於冷凍室中。常溫下容易氧化的麵粉類，在沒有馬上要用的情況下，也依同樣的方法保存。

容易流失風味的奶油切成小塊保存

事先將奶油切成每塊10～15g，放入保鮮盒中保存。可以只取出所需份量，相當方便。要塗在麵包上時，置於常溫下回溫幾分鐘即可。

利用製冰盒冷凍高湯或麥茶

製作孩子的副食品時，因為只需要少量，就會利用製冰盒來冷凍高湯。最近，會在夏天製作麥茶冰塊，放入麥茶壺中維持冷度。

PROFILE

渡邊真紀 (Watanabe Maki)

曾經擔任平面設計師，目前為料理家。自2005年成立「鼠尾草供餐坊」，目前以雜誌、書籍和廣告為中心，提供活用當季食材的烹飪食譜。使用大量蔬菜製成有益身體的餐食及充滿天然、頗具品味的生活風格，讓她擁有眾多粉絲。著有『每天都想用，鼠尾草供餐室的水果酒、果醋、果醬、果汁』（家之光協會）、『便當配菜帖』（主婦與生活社）、『理想的廚房生活：日式料理研究家，教你日日踏實，簡單不堆積』（KADOKAWA／中經出版社）等多本作品。

http://www.watanabemaki.com/

TITLE

用「保鮮袋」輕鬆做冷凍常備菜

STAFF		ORIGINAL JAPANESE EDITION STAFF	
出版	瑞昇文化事業股份有限公司	攝影	竹内章雄
作者	渡邊真紀	造型	駒井京子
譯者	郭欣惠	設計	大島達也（Dicamillo）
監譯	高詹燦	編集	田中のり子
		校正	安久都淳子
總編輯	郭湘齡		
責任編輯	黃思婷		
文字編輯	黃美玉　莊薇熙		
美術編輯	朱哲宏		
排版	二次方數位設計		
製版	明宏彩色照相製版有限公司		
印刷	皇甫彩藝印刷股份有限公司		

法律顧問	立勤國際法律事務所　黃沛聲律師	
戶名	瑞昇文化事業股份有限公司	
劃撥帳號	19598343	
地址	新北市中和區景平路464巷2弄1-4號	
電話	(02)2945-3191	
傳真	(02)2945-3190	
網址	www.rising-books.com.tw	
Mail	resing@ms34.hinet.net	
本版日期	2018年7月	
定價	300元	

國家圖書館出版品預行編目資料

用「保鮮袋」輕鬆做冷凍常備菜 /
渡邊真紀作；郭欣惠譯.
-- 初版. -- 新北市：瑞昇文化, 2017.05
96面 ; 24.8公分X18.8公分
ISBN 978-986-401-165-0(平裝)

1.食物冷藏 2.食品保存 3.食譜

427.74　　　　　　　　　106005112